愛知大学綜合郷土研究所ブックレット

④

内湾の自然誌

三河湾の再生をめざして

西條八束

目次

序　日本で最もよごれた海・三河湾　1
第一章　内湾とはどんなところ（森と川と海）　6
第二章　三河湾はいつから汚れた海になったのか　16
第三章　干潟の重要な役割　31
第四章　三河湾と豊川　41
第五章　農畜産排水の問題　52
第六章　環境アセスメントをめぐって　57
第七章　豊かな海「三河湾」を回復させる道　67
むすび──三河湾を復活させることは可能であり、われわれの義務である　73
もっと詳しく知りたい読者のために　74

序　日本で最もよごれた海・三河湾

著者は一九五九年（昭和三十四年、伊勢湾台風の年）四月に東京から名古屋に赴任してきた。その頃、家族と渥美湾（三河湾東部）の海の名所、蒲郡を訪れたことがある。竹島への桟橋から水面を見おろすと、海水はよく澄んでいて、海底の砂粒を白くはっきりと見ることができた。

この渥美湾が現在では、東京湾をしのぐ日本で最も汚れた海になってしまった。東京湾には人口三千万人に近い日本有数の大都会の排水が流れ込んでいるから、水質汚濁が進むのも当然と考えられる。しかし、渥美湾周辺には大都会と呼べるものはなく、人口も七十万にすぎない。湾内に流れ込む排水中の汚染物質、とくに赤潮発生の原因になる窒素やリンの量は、面積あたりで比較して東京湾の十分の一から二十分の一にすぎない。それなのに、どうしてわずか四十年ほどの間にそんなに汚濁が進み、漁業も衰退してしまったのか、それを回復させる方法はないだろうか。この本で、読者と一緒に考えてみたい。

この本は三河湾研究会編『とりもどそう豊かな海　三河湾―「環境保全型開発」批判』八千代出版（一九九七年発行、一九九九年改訂）を、わかりやすくまとめ、新しいデータを加えたものである。さらに詳しく知りたい方は同書をお読みいただきたい。

同書は、三河湾の調査・研究に一九七〇年ころから関わってきた主な研究者が、一年間にわたり討議を重ね、その結果をまとめて刊行したものである。より多数の方に討議に加わっていただいたが、同書の執筆者は私以外、次の方たちである。

市野和夫、宇野木早苗、糟谷真宏、佐々木克之、鈴木　誠、松川康夫

本書はブックレットというシリーズの性質上、やむなく単著の形式となっているが、この内容については、上記の共著者の方をはじめ、他の方々から、新しいデータも含め、さらに積極的なご意見を頂いた。特に市野氏には大変お世話になった、ここに深く感謝したい。なお、この本を読みやすくするために「あるむ」の川角信夫氏から貴重なご助言を頂いたことをお礼申し上げる。

◉——水清く水産資源の特に豊かな海だった

三河湾は日本有数の豊かな海であった。その水産資源は伊勢湾をしのいでいた。湖沼学の権威として著名な、海に関する論文も多い吉村信吉氏は、一九三四年（昭和九年）に全国の内湾の面積あたりの漁業生産を比較して、第一は東京湾、第二が三河湾としている。伊勢湾は五番目であった。

数十年前まで、三河湾のどこでもクルマエビが獲れ、クルマエビ、アサリの漁獲、ノリの養殖では日本一になることも少なくなかった。現在では信じられないことだが、渥美湾の奥、豊川の河口付近でもハマグリが獲れた。三河湾は豊かな資源を生み出す海であったばかりか、観光地として著名な蒲郡をはじめ、どこの海岸でも、潮干狩りが楽しめ、よく澄んだ水の中で安心して泳ぐことができた。

明治末期から昭和初期にかけて、全国の漁業は遠洋漁業に向かったが、三河湾沿岸では遠洋漁業は発展せず、むしろ内湾漁業が大いに栄えた。一九一七年（大正六年）の「愛知水産連合会報」にも、「三河湾には餌になるプランクトンなどが多いため、伊勢湾とともに魚介類がきわめて豊富である。小漁船を使って、わずか数時間の漁労で一日分の収益を上げられるから、多大な危険と経費をともなう外洋の漁業に出る必要がなかった」と記されている。

歴史的に少しふりかえって見ても、三河湾沿岸の西三河の町々はどこも漁業で活気があり、もっとも盛んなのは幡豆《はず》郡一色町であった。水揚げされた魚種の中で、特に漁獲量が多かったのはイワシ、ヒラメ、カレイ、タイ、スズキ、エソ、ハゼ、エイ、ウナギ、サメなどで、イカ、タコ、カニ、シャコ、ナマコなどがこれに続く。貝類では、アサリ、ニシ、タイラギ、シジミが多かった。この水産資源の重要性から、今から百年以上前の一八九四年（明治二十七年）に一色町に日本最初の水産試験場が設置され、現在まで水産の振興に大きく貢献してきているのは注目に値する。

東三河沿岸の漁業といえば、何と言ってもノリ養殖である。東三河最大の一級河川・豊川の河口の西浜・六条潟は、愛知県のノリ養殖発祥の地である。その生産額は大正期に激増し、東三河だけで愛知県全域の八〇%を占め、一九二二年（大正十一年）にはノリの生産額・養殖漁場面積ともに全国第一位になった。その品質も最高級のノリとして認められてきた。その後も一九六五年(昭和四十年)頃まで全国有数のノリ生産地として知られ、漁民の操業意欲もひときわ高かった。西浜や六条潟は、ノリ以外にハマグリ、アサリの最適な産地としても知られていた。戦後、三河湾沿岸の各地でアサリの養殖が地域産業として成り立つようになると、その種子の大部分が六条潟から供給されるようになり、最近まで続いていた。

◉——東京湾と同様に汚れた海になってしまった

しかし、一九六〇年代から、経済の高度成長に伴う生活排水、農畜産排水などの流入量の増加や、沿岸開発のための埋立による干潟・藻場の消失などにより、著しい水質汚濁が進み、水産業も衰退した。三河湾、中でも東部の渥美湾は、東京湾をしのぐ日本で最も汚れた海になってしまった。赤潮が一年中発生し、湾の奥の水は褐色から黒色にまでなり、足を踏み入れる気にさえなれない。藻場は消失し、夏になると海底付近の水中の酸素が無くなり、生物は棲めなくなる。

二〇〇〇年の中央環境審議会水質部会の資料（図1）を見ても、日本の海域別の環境基準（C

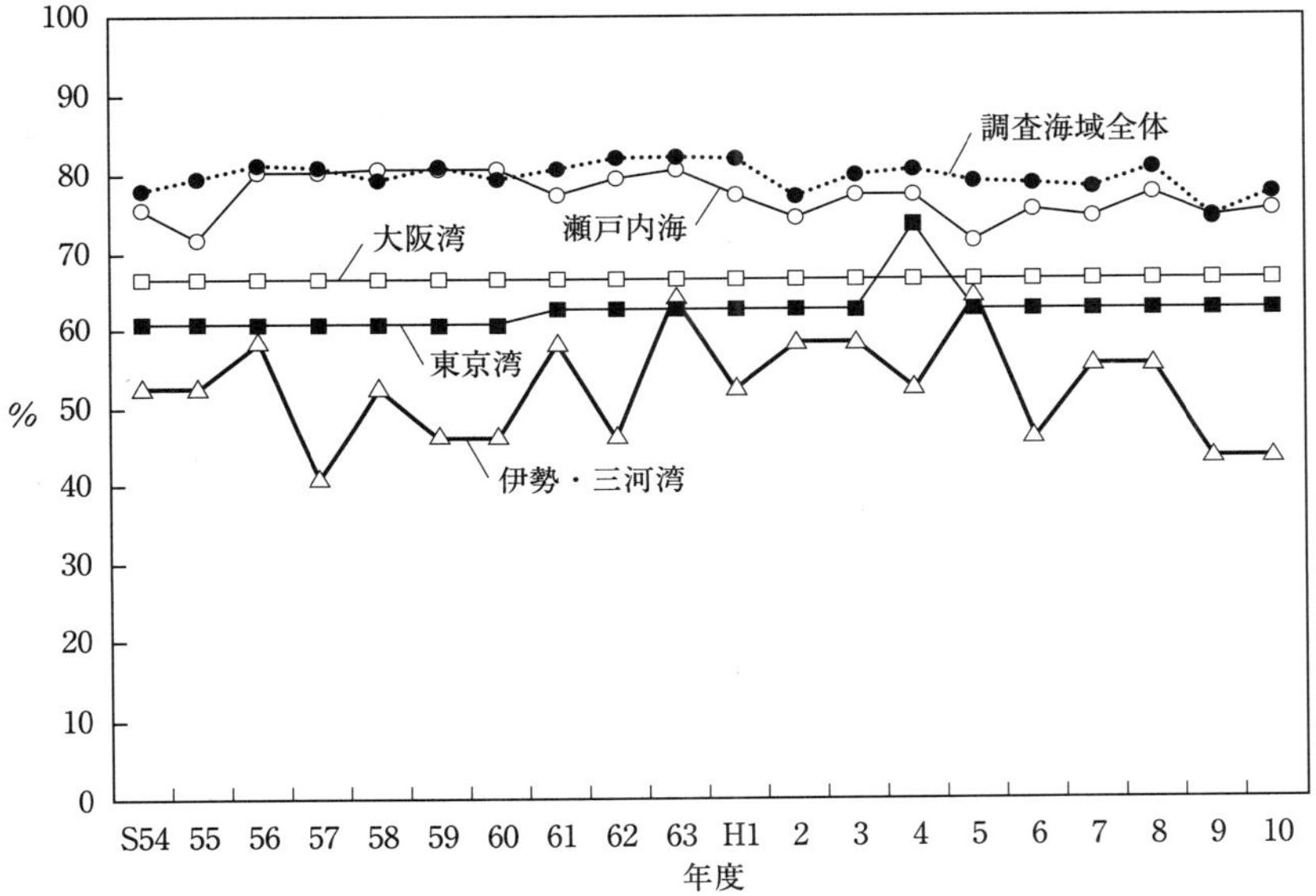

図１　海域別の環境基準（COD）達成状況

伊勢・三河湾は日本で最も汚れた海であることを示している。（中央環境審議会水質部会資料、2000年）

〔註〕伊勢・三河湾でCOD（化学的酸素要求量：海水・湖水などの有機汚濁の程度を示す）の変動が大きいのは、気象条件の違いを強く受けているためかと思われる。

ＯＤ）の達成状況を比較すると、伊勢・三河湾は明らかに東京湾より低く、日本で最も汚れた海であることを示している。

第一章　内湾とはどんなところ（森と川と海）

◉──内湾をとりまく陸地と海

三河湾や伊勢湾のような内湾は、ほとんどが陸地に囲まれていて、一方だけ外海に開いている。岸辺に立つと、対岸は遠く、広々とした海面、しかも荒い外海とちがって高い波が立つことも少なく、静かな水面は私たちを豊かなくつろいだ気持ちにさせてくれる。しかし、よく澄んだ青い海は、伊良湖岬から外へ出なければ見られない。残念ながら、近年、三河湾の水はたいてい褐色に濁っている。海岸も堤防や道路が作られ、湾奥の港湾区域内では、土地はほとんど企業の占有地となり、岸辺に近づけない場所さえある。広い砂浜が連なっている、のどかな自然の海岸はほとんど無くなってしまった。

潮の満ち引き

ところで、内湾の豊かな水はどこから来ているのだろう。当然のことだが、外海から海水が入り、周囲の陸地の河川などから淡水が入っている。誰でも知っているように、湾内では潮の満ち引きがある。一日に二回、満潮の時に増え、干潮のときに減る。湾内外の海水の出入り、湾内の海水の動きに、潮の満ち引きも関係している。三河湾でも、一日に海面が二メートル以上も上下に変化する。海面の変化が大きい時は大潮、小さい時は小潮と呼ぶ。潮干狩りに行ったことのある人は知っているだろうが、大潮の時期をえらび、潮が引いて広く露出した干潟に出てアサリなどを採る。二時間もすると、潮が満ちてくるので陸に引き上げなければならない。

干潟と藻場（浅場）の役割

太平洋側の内湾は、潮の満干の差が大きいから干潟が発達している。干潟やその周辺の浅い所には、二枚貝やゴカイをはじめ様々な生物が多量に生活している。これらの豊かな生物を目指して、渡り鳥の群れが長い旅の途中の休息と栄養補給にやってくる。また、干潟の生物は赤潮（多量に発生した植物プランクトン）などを餌として食べることで取り除き、水質浄化に大切な役割をしている。さらに干潟の周辺の浅い水中にはアマモやアオサなどが繁茂して藻場を作り、魚類の産卵や稚魚の育成の場（内湾の魚だけではない）として重要である。藻場はまた、赤潮が増える夏に水中の栄養分を吸収して、赤潮の発生量を減らす働きもしている。干潟や藻場を含む浅い海を〝浅場〟と呼んでいるが、浅場が埋立により急速に減っている現状は後に詳しく述べる。

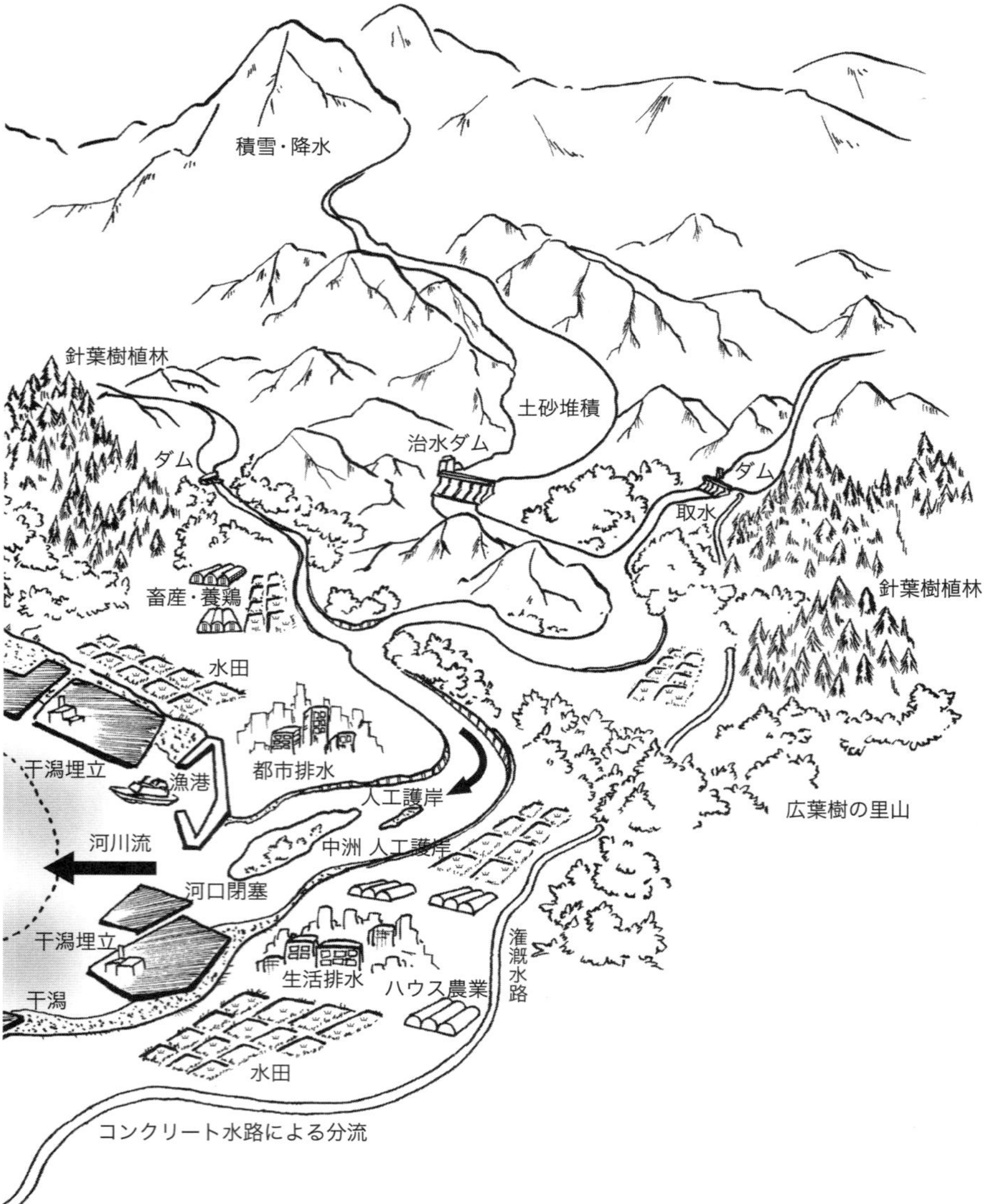

特に内湾の生物環境への影響

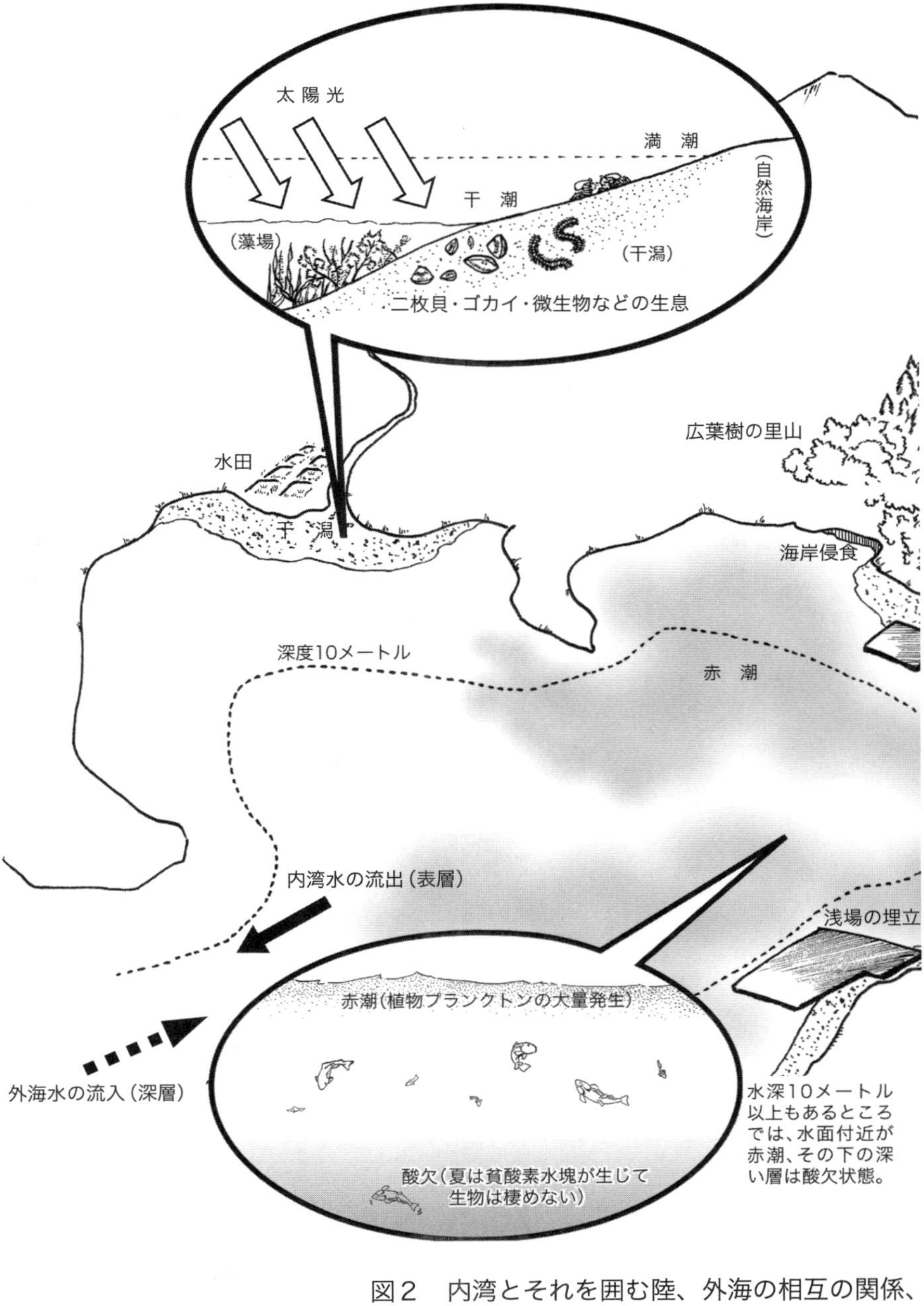

図2　内湾とそれを囲む陸、外海の相互の関係、

流入河川の水質と水量の影響

内湾に入ってくる水は外海からの海水だけではない。周囲の陸地から河川や地下水として真水（淡水）が流れ込んでいる。河川を通じて陸から内湾へさまざまなものが流れ込んでいるが、その中の窒素やリンは植物プランクトンの栄養分となる。植物プランクトンは水産資源生産の土台となる大切なものだが、異常に増えすぎると赤潮になる。赤潮は、しばらくすると海の底に沈んで分解する。分解のためには酸素が使われ、水中が酸欠になるなど、内湾の生物に大きな影響を与える。

しかし、河川から内湾に入る流入水の多少が、内湾の生物環境に与えているもう一つ重要な影響がある。河川の流入量が多ければ、それだけ外海との水の交換がよく、湾内で水質汚濁が起きても速やかに湾外に流出してしまう。流入水が少ないと汚濁水が出ていかず、湾内に長期間とどまることになる。このような仕組みの重要性が新たな河川水利用の開発計画などの際に、長い間、見過ごされてきた。

魚介類の生産に欠かせない森林の役割

周囲の陸地から内湾に大きな川が流れ込んでいるが、それぞれの川の下流周辺は農地や都会で、上流は森林におおわれた山地である。豊かな森林の樹木は、その落葉や枯れ枝が動物や微生物によって分解されてできた土壌（腐植土層）の栄養分で育っている。森林では植物・動物・微生物が相互に働きあい、限られた養分を無駄なく繰り返し使う仕組み（物質循環）ができている。

また、海にも関係して、土壌の層は二つの面で重要な働きをしている。第一は保水能力である。泥水が大量に内湾に流れ込むのを防ぎ、程よい水量を絶え間なく流す自然のダムの働きをしている。腐植土がないと水を貯える働きがなくなり、降った雨はそのまま地面を流れてしまう。一度にたくさんの泥水が流れ込んだら、浅場の大量のアサリなども、ひとたまりもなく死んでしまう。

第二の働きは、腐植土中に含まれている腐植質が水中に溶け出して、海の海藻や植物プランクトンの栄養条件をよくすることが知られている。

このように、川の上流に森林があることが、内湾の魚介類の生産に必要なことを漁師は経験的に知っていた。漁民自身の手で、わざわざ河川上流に植林をして成功しているところもある。

森林の荒廃が進んでいる

しかし、この森が、一時的、部分的な経済的理由や道路・ゴルフ場の建設・都市化などのために伐採されてしまうと、それまでの森林の保水能力も、水質を浄化し調節する役割も失われてしまう。近年は安い材木が外国から多量に輸入されるようになったため、林業で生活していた人々の多くが森林から離れてしまった。森林を育てる人が減ってしまったので、樹木の手入れが行き届かず、間伐されずに放置した人工林では、森林が本来持っていた保水や水質浄化の働きが著しく低下している。特に落葉が多く日光もよく入って、下生えの植物が育ちやすい雑木ブナ、モミ・ツガ、シイ・カシなどの里山や天然林が減り、早く育つが保水や水質浄化の働きが弱いスギ、ヒノキなどの（針葉樹）人工林が大部分を占めるようになり、しかも手入れがゆきとどかないから、森林の大小さまざまな動物も減り、腐植土も作られにくくなった。

ダム湖・減反の問題

人工のダム湖は水を貯えてくれる。しかし、ダムの建設には膨大な経費を要するばかりか、ダム湖は年々土砂で埋まっていく。大型のダム五十のうちで年間に土砂のたまる速さが貯水容積の二％を超えるものが四ヶ所（五％を超えるもの一ヶ所を含む）、一％を超えるものは二十三ヶ所に及ぶ。そのため、一方では川から海岸への砂の補給が止まり、侵食による海岸線の後退が急速に進んでいる。例えば、三保の松原の松にも海岸線が接近し、心配されている。

河川の下流には、以前はその水を使って多くの水田があった。水田が貯水池としても、七一頁に述べてあるように重要な役割を果していたし、水質の浄化にも役立っていた。しかし、最近の減反政策で、耕作されている水田の面積は減少し、貯水能力も水質浄化作用も低下した。

かつては溜池や小河川から引いた水を次々と下の水田にまわして使っていた。豊川用水などの大規模な潅漑水路の建設と圃場整備が行われた結果、灌漑用水は一枚一枚の田畑に一回かぎりしか使われなくなり、使用水量に関係なく耕地面積当たりで料金が決まることもあって、必要以上の水が供給されるようになった。畑も温室やハウス栽培が増え、雨水が使えず、潅漑用水しか使用されないので、豊川用水への依存を強めている。このため豊川の水量はめっきり減ってしまった。

◉——海で魚介類が生育する仕組み

食う食われるの関係

ここで、魚介類が成育する仕組みを考えておきたい。読者はどこかで図3のような、生態系ピラミッドの図を見たことがあると思う。海の中でも、陸上と全く同様に、生物の生活を支える有機物を作ることができるのは植物だけである。植物だけが炭酸ガス（二酸化炭素）と水から、太陽の光のエネルギーを使って糖、タンパク質、脂質などの有機物を合成できる。この働きを光合成と呼び、同時に酸素を放出する。その時、窒素・リン等の栄養分（肥料分とも言える）が必要である。われわれ人間も含め、動物は光合成ができないから、直接・間接に植物を食べて生活している。海の中でも動植物は同じ仕組みで生活している。

ただし、海の植物は陸上と異なり、沿岸近くの海藻以外は顕微鏡でなければ見られない単細胞の浮遊藻類（植物プランクトン）である。その大きさは千分の一ミリから十分の一ミリと小さい

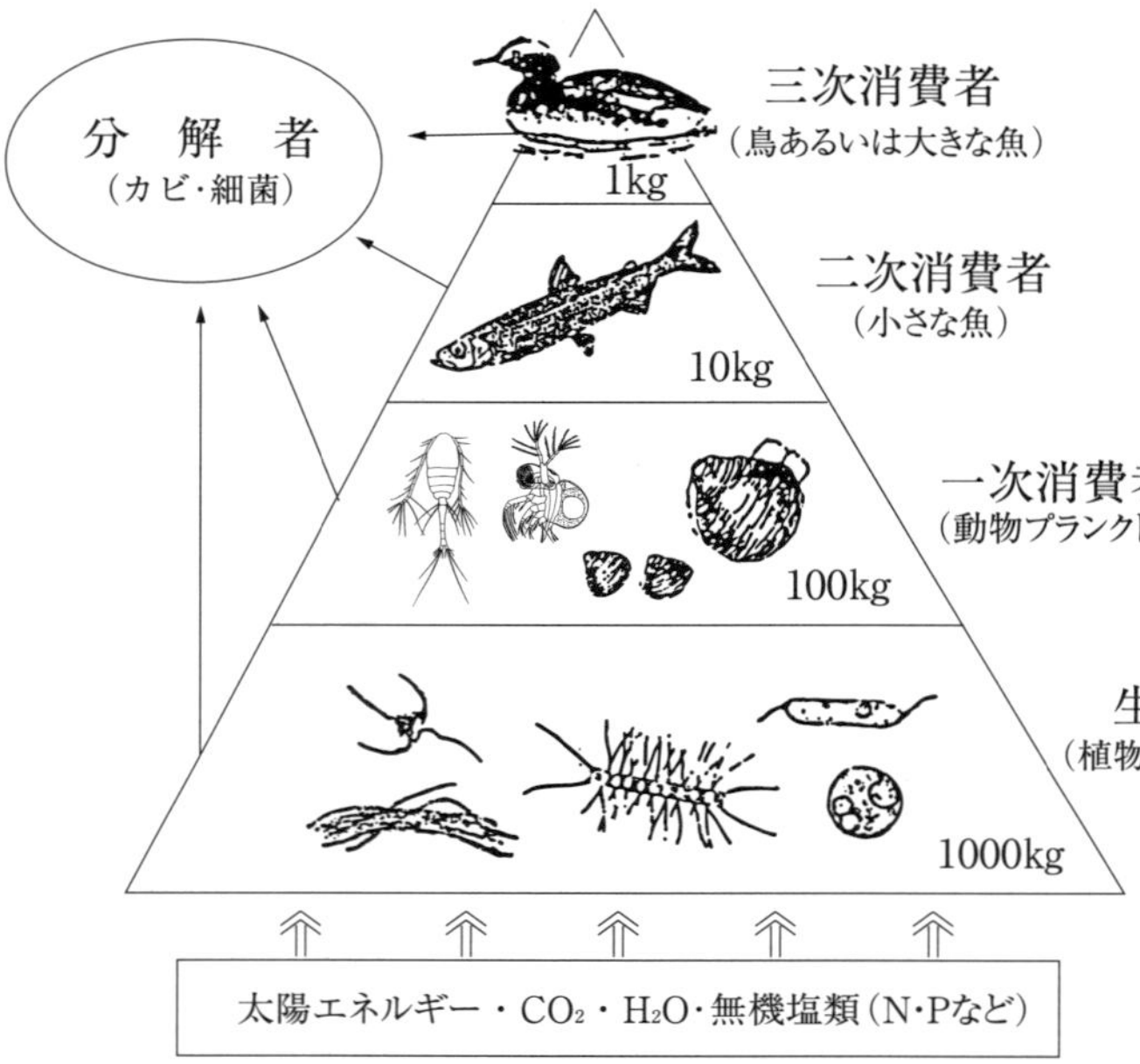

図３　海の中の生態系ピラミッド
一段上がるごとに約十分の一（重量）と考えてよい。（山室真澄氏の図を改変）

ので、多くの魚は植物プランクトンを直接餌にすることができない。しかし、ミジンコの仲間の動物プランクトンがこれを食べ、動物プランクトンは肉眼で見えるほどの大きさだから、小型の魚は動物プランクトンを餌にできる。だから、動物プランクトンを「海の草刈人」と名づけた学者もいる。小型の魚をさらに鳥や大型の魚が食べる。このような関係は食物連鎖としてよく知られている。

興味深いのは、食物連鎖を作っている小さい生物と大きい生物の量の関係である。例えば、私たちがスーパーの店頭で、二百グラムのブリの切り身を買ったとする。ブリは肉食で、イワシを餌としているから、ブリは餌としてその約十倍、二キログラムのイワシが必要である。イワシは図3の二次消費者に相当するから、その約十倍（二十キログラム）の動物プランクトン（一次消費者）を餌とし、動物プランクトンはさらにその約十倍（二百キログラム）の植物プランクトン（生産者）を食べて生活している。つまり、私たちがブリを食べるためには、重量としてその約千倍の植物プランクトンが必要である。

このように食物連鎖が一段下がるごとに、生物量が約十倍ずつ増えていくことは、食糧問題を考えるとき、きわめて重要であり、興味深いことである。

栄養分はくりかえし使われる

陸上では、秋になって木の葉が枯れて地上に落ち、それが分解されて、翌年、木が育つ栄養分に使われる。これとまったく同じことが海の中でも行われている。海の中で植物プランクトンが死ねば、しだいに深いところに沈んでいく。それがバクテリアなどに分解され、水中に窒素やリンが溶け出して、再び植物プランクトンの栄養分に使われる。動物プランクトンも植物プランクトンを食べて糞を出し、糞も動物プランクトンの死骸もすぐに分解されて植物プランクトンの栄養分になる、というように、陸上と同様に栄養分は循環して使われている。

ここで大切なことは、このような循環がうまく行っていれば、海の中で生物が増えても汚れがたまらず、きれいな海水が保てることである。水中の有機物が増えて水が汚れ、生物に悪い影響が出るというのは、どこかで循環がうまくいかなくなっているためである。

第二章　三河湾はいつから汚れた海になったのか

◉——三河湾とはどんな海

三河湾は伊勢湾の入り口に東の方にはりだすように付いている（図4）。大きさは伊勢湾のほぼ三分の一である。湾口は共通になっていて、伊勢・三河湾と呼ばれることもあるが、伊勢湾という言葉で、伊勢湾と三河湾を示している場合もある。

伊勢湾と三河湾は、日本沿岸の内湾の中では浅い湾のグループに入る。例えば、太平洋沿岸でも、駿河湾、相模湾などは数百メートルの深さがあるが、伊勢湾の最も深い場所でも三十メートルくらいの水深しかなく、三河湾は十数メートルにすぎない。平均水深は、伊勢湾が約二十メートル、三河湾が約十メートルである。参考までに東京湾（浦賀水道より内側）は面積が三河湾の一・七倍、最も深いところが三十から四十メートル、平均の深さが十八メートルである。三河湾は特に浅い湾である。

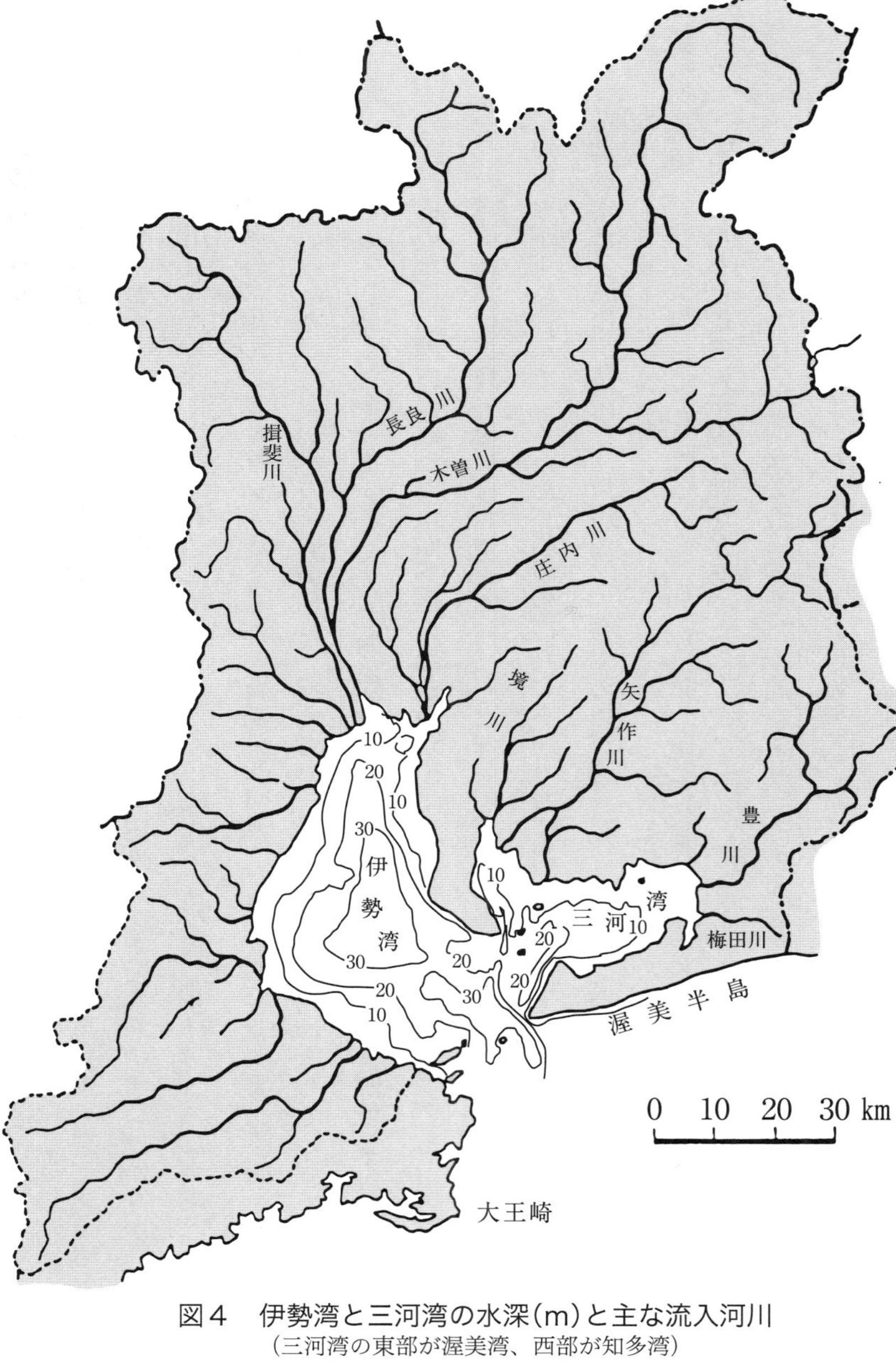

図４　伊勢湾と三河湾の水深（m）と主な流入河川
（三河湾の東部が渥美湾、西部が知多湾）

知多湾は外海と水の交換がよいが、渥美湾は特に悪い

三河湾は東部の渥美湾と西部の知多湾（衣浦湾ともいう）にわけて考えられることが多い。図4を見ればわかるように、知多湾は外海に近く、湾の内外の水が交換しやすいばかりか、湾の奥から境川、北から矢作川が流れ込んでいる。とくに矢作川は水量も多い。このため湾内の汚れた水も湾の外に出ていきやすい。ところが、渥美湾は外海と渥美半島で遮られており、奥深く入り込んでいるため、外海と水の交換が悪い。渥美湾の一番奥に豊川が流れ込んでいるが、水量はもともとあまり多くなかった。それが人工的に豊川用水などに取水され、水量が著しく減ってしまった。そのため、湾内の汚れた水が外海になかなか出ていきにくい。

一方伊勢湾は、湾の奥にいわゆる木曾三川（木曽川、長良川、揖斐川）が入っており、多量の河川水が流れ込んでいるため、湾内の汚れた水が外海に出て行きやすい。参考までに、東京湾も、湾の奥に多摩川、荒川、江戸川など、多くの川が流入して、水の交換がよい。

沿岸いたるところに干潟と藻場があった

戦後しばらくは、三河湾の沿岸各地に干潟があり、その周辺にアマモが繁殖し、魚の産卵と稚魚の保育の場になっていた。干潟やその付近の浅い海で、三十分もあればバケツ一杯のアサリが採れるほど、魚介類も豊富であった。一九六五年（昭和四十年）ころまでは三河湾沿岸各地の干

潟周辺にアマモ場があり、アマモは「モク」と呼ばれ、夏になると濃い緑色に茂り、沿岸農家の畑の肥料に使うための「モク取り」が盛んに行われていた。

三河湾の本来の特性についてまとめると、四十年くらい前までは水も澄んでいて、太陽の光がよく透るので植物の光合成も底近くまで行われ、窒素・リンなどの栄養分の循環も効率よく行われていた。浅くて、外海との水の交換がよくないのが三河湾の特徴であるが、当時は生物の生産と分解のバランスが保たれ（物質循環がうまくいっていた）、海底が酸欠になることもなく、すばらしく豊かな海であった。

◉——三河湾はいつから汚れたのか

三河湾の著しい水質汚濁の進行は、二つの段階にわけて考えられる。

汚濁の第一段階

㈠　透明度の低下

一九六八年夏に、伊勢・三河湾に赤潮が大発生して新聞をにぎわし、大きな社会問題になった。それに対処するため、愛知、三重、岐阜の三県の連絡会議が開かれた。私も関係する分野の研究者として招かれ、どうしたらよいか意見を聞かれた。われわれ研究者は、まず伊勢・三河湾でこれま

透明度とは

透明度は海や湖沼の調査に広く使われていて、図6のような直径三十センチメートルの白い円盤（透明度板あるいはセッキー円板と呼ぶ）を水中に沈めていき、それが判別できなくなる深さを測って、透明度何メートルとする。手作りの円板でも十分間に合う。

あまりに簡単な方法なので頼りない感じがするが、簡単なだけに、研究者が測っても、小学生が測っても、大きな違いはない。明治時代の測定値と現在の測定値も安心して比較できる。例えば、伊勢・三河湾に関係して集めた資料の中で、他のデータは測定法が変わったり、昔の測定値が信頼できなかったりして使えなかったが、透明度の低下だけがきわめて明瞭で、富栄養化によって植物プランクトンが増え、水質汚濁がわずか十年間に著しく進んだことを示した。（透明度板は一八六五年に、ローマ法王庁の海軍士官だったセッキー神父によって考案された。）

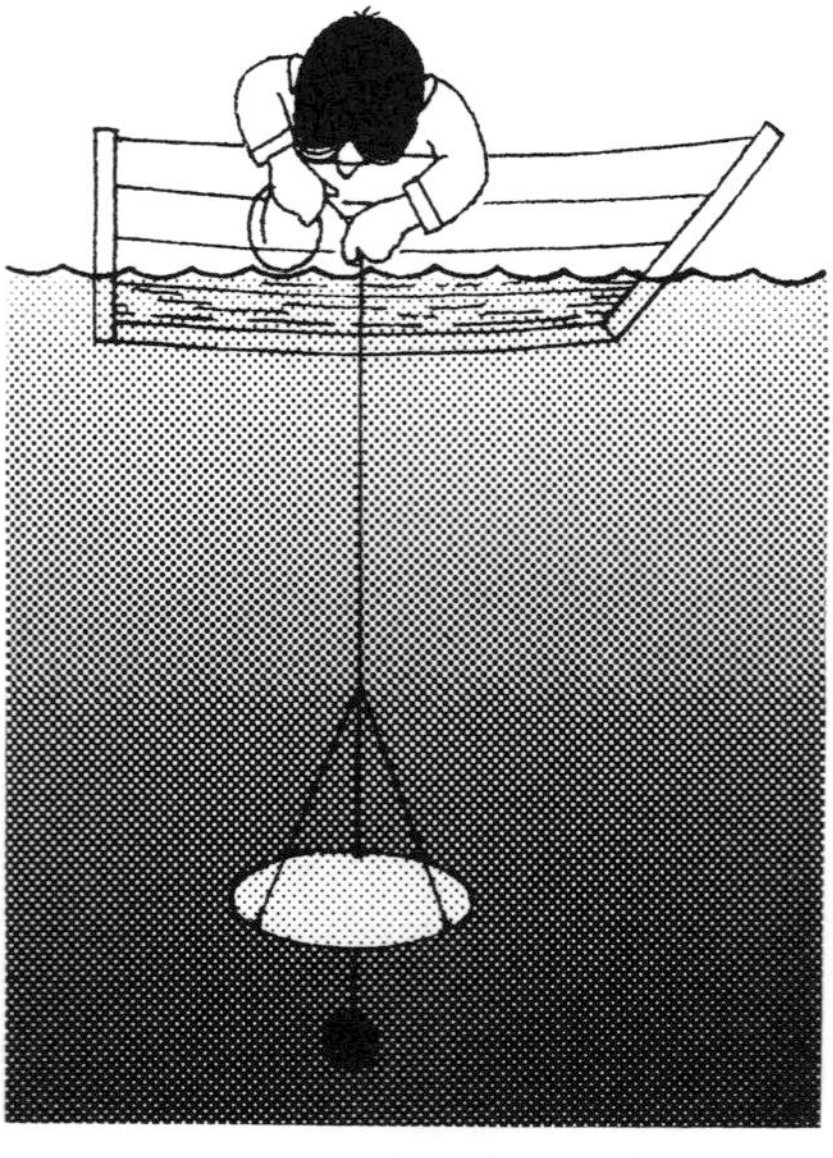

図6　透明度の測定

でに行われた海洋調査の資料をできるだけ集めて、それを整理してみることを提案した。伊勢・三河湾がどのように変わってきたか、知るための手がかりが得られるだろうと考えたからである。

この提案は実行され、十巻の資料集にまとめられた。その資料の解析を当時理化学研究所の主任

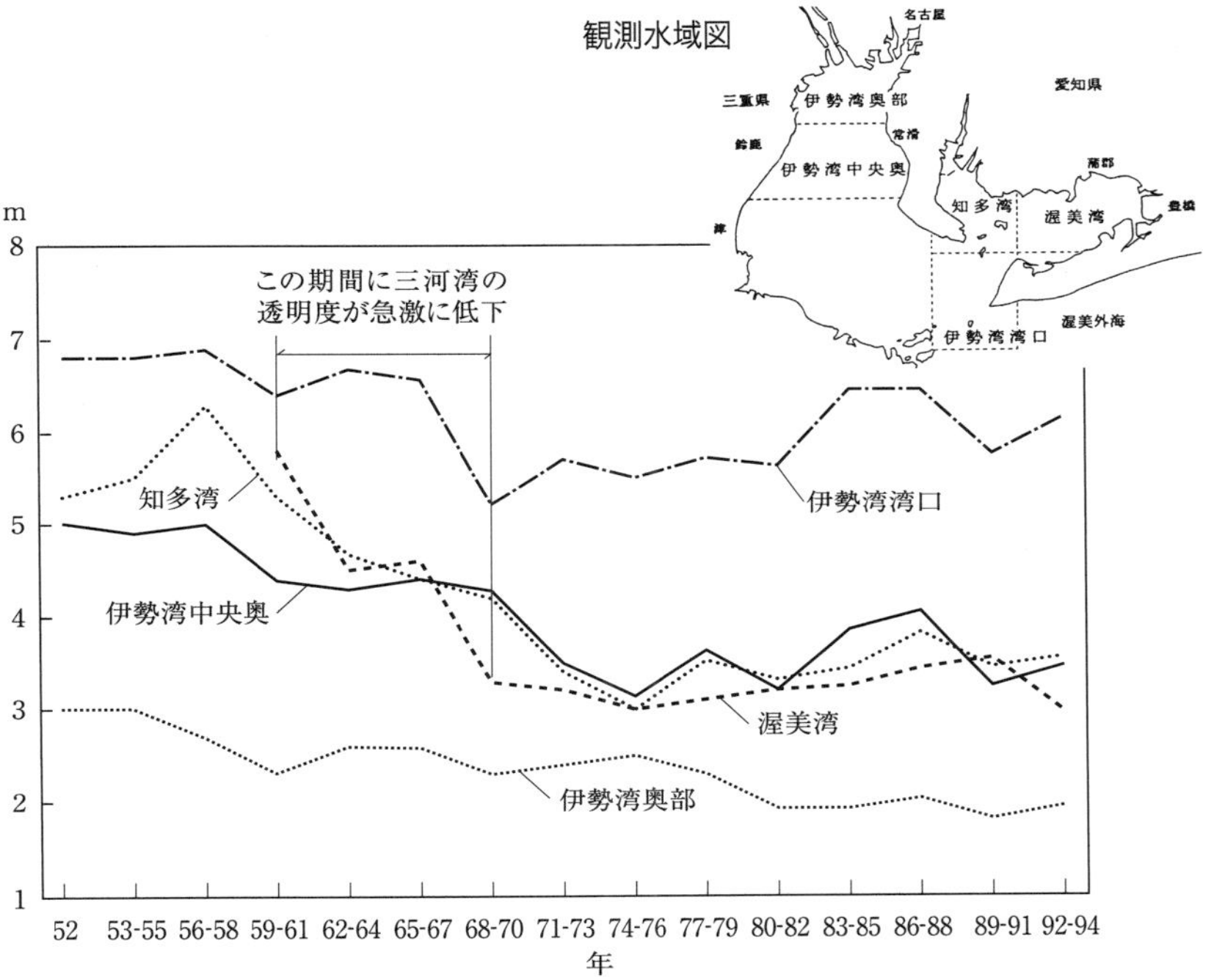

図５　伊勢・三河湾の透明度の変化

それぞれの水域の三年ごとの平均値を示してある。（宇野木ら、1974 を補足改変）

研究員であった宇野木早苗氏が担当され、コンピューターを使ってデータを処理した結果、伊勢・三河湾における水質汚濁の進行を最も明確に示したのは図５の透明度の変化であった。

宇野木氏は伊勢・三河湾の、それぞれの水域の透明度が、年々どのように変化してきたか調べた。透明度の低下は伊勢湾でも見られたが、三河湾における低下は著しく、とくに渥美湾における低下は、知多湾よりも顕著であった。透明度が最も急速に低下したのは一九六〇年（昭和三十五年）から一九七〇年の十年間で、平均六メートルから三メートルに低下した。透明度が半分になったということは、水の濁りが二倍になったのではなくて、約十倍になったことを示

富栄養化現象とは

内湾や湖の水質の（有機）汚濁には二種類あって、一次汚濁と二次汚濁に区別できる。

一次汚濁とは、例えばパルプ排水のような有機物を多く含む排水が海に流れ込んで、海水中の有機物が増える汚濁である。つまり汚い排水が入って海が汚れるというあたりまえのことである。

二次汚濁というのは、私たちが植物に肥料をやるのと同じことである。窒素やリンのような、海の中の植物に一番不足しやすい成分が排水として多量に流れ込むと、海の植物の大部分を占めている植物プランクトンがおびただしく増えて、海の有機汚濁が著しくなることである。

生活排水などを下水処理場で処理した場合、通常、ＢＯＤやＣＯＤとして測られるような有機物（一次汚濁物）はほとんど分解されて除去される。しかし、窒素やリンは半分くらいしか除かれず、有機物に含まれていた窒素やリンは下水処理場からアンモニアやリン酸として排出される。

それが海に入れば、海にたっぷり肥料をまくのと同じだから、海水中の植物プランクトンが増えて赤潮となり、水の汚濁はひどくなる。これが二次汚濁で、富栄養化とはこの現象である。

している。なぜ、そんなに急速に水質汚濁が進んだのであろうか。内湾の透明度は、出水や底泥のまき上がりなどがない限り、植物プランクトンの多少により支配されている。植物プランクトンが増えた原因は富栄養化であった。

(二) 植物プランクトンの大量発生

一九五〇年頃から欧米の湖沼ではじまった、排水として過剰な窒素・リンが供給され植物プランクトンが著しく増加することで起こった水質の有機汚濁は、世界各地の湖沼・内湾に急速に広がった。これまでよく澄んでいた水が濁り、汚くなって悪臭さえ発するようになった。それを水源にした水道水は、浄水場での処理に手間がかかり、処理しても、水道水に臭いがつき、味が悪くなった。琵琶湖を水源とする近畿地方の水道水が、淡水赤潮の発生により不味くなったことはよく知られている。技術的には窒素やリンも除去できる。高次処理といって琵琶湖などでは使われているが、膨大な設備費や維持費が必要なため、ごく限られた地域で行われているだけである。

(三) 三河湾の透明度が急に低下した原因

日比野雅俊・井関弘太郎両氏は三河湾に流れ込む河川流域のすべての市町村で、排水中に入る汚濁物質が年々どれだけ発生したかを、丹念に調べた。それを集計した結果を図7に示す。三河湾に流れ込む窒素・リンが、どんなものから供給されているか、その量が年々どのように変化してきたか、知ることができる。この図は、三河湾で富栄養化が進んだ理由を明瞭に示している。

この図で見ると、工業排水は少なく、畜産排水、生活（家庭）排水が大部分であることがわかる。とくに一九六〇年（昭和三十五年）から一九七〇年にかけて窒素・リンの排出量が急増しており、透明度の低下と逆の関係であることが理解できる。この期間が経済の高度成長の最盛期で

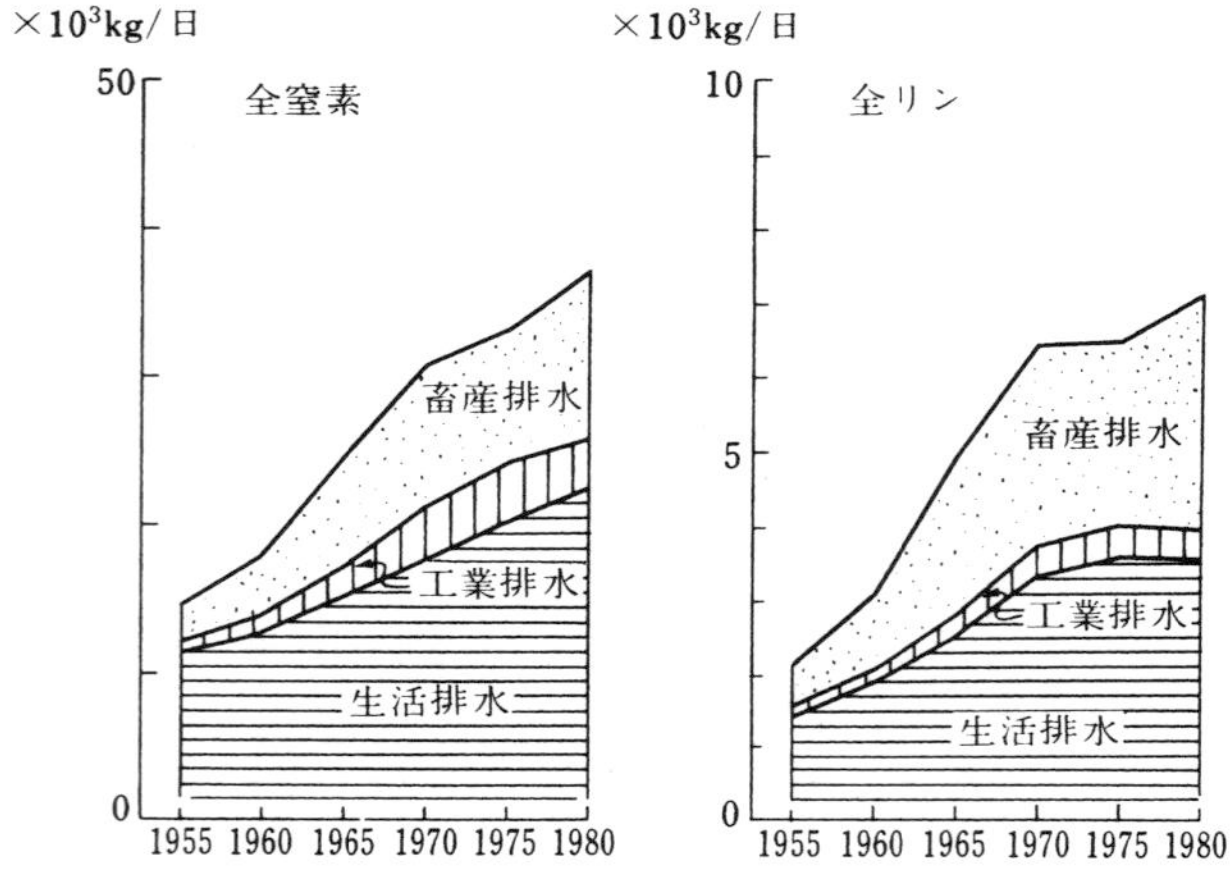

図７　三河湾に流れ込む河川流域（集水域）で毎年発生する窒素・リン量の変化

あったことを考えると、三河湾の富栄養化が経済の発展と関係して生じたことがわかる。

汚濁の第二段階

㈠　年中赤潮が発生するようになった

一九六〇年から一九七〇年の十年間の富栄養化の進行は、透明度の変化と発生源での窒素、リンの排出量の増加で一応説明できた。しかしその後、三河湾の赤潮の発生日数が年々次第に増えてきた。とくに一九八〇年（昭和五十五年）以降は急激に増え、年間二百日から三百日以上にもなった。つまり一年を通じてほとんど毎日赤潮が見られるようになったのである。これは容易ならぬ事態だが、いったい何が原因なのだろうか。

まず考えられたのは、水中の窒素・リンの量の変化である。図８のように、三河湾の窒素は増えてきた傾向は認められるが、リンはあまり増加しておらず、図７に示した一九六〇年から一九七〇年のような、顕著な窒素、リンの流入量の増加は見られない。

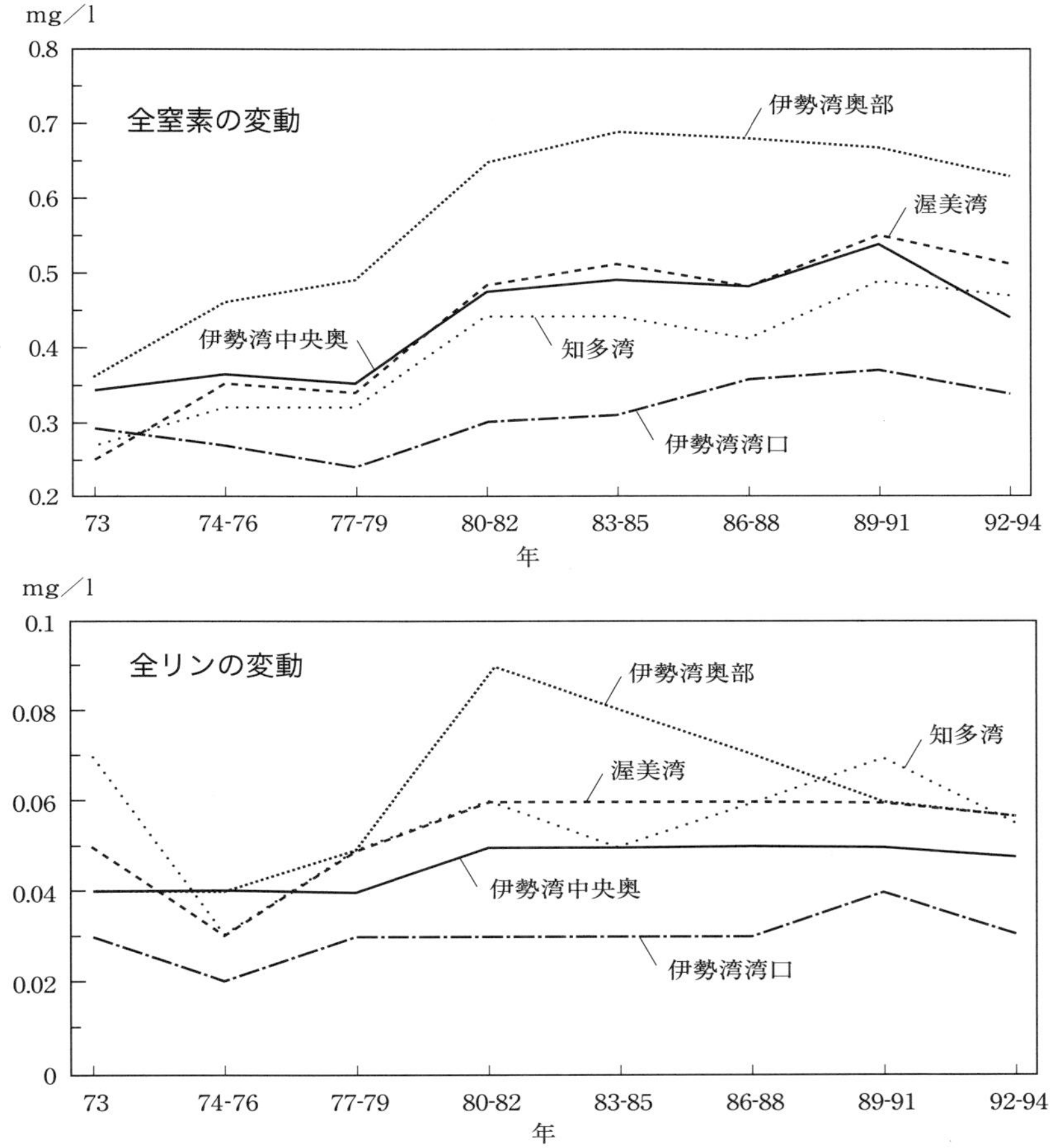

図８　三河湾における水中の窒素・リン濃度の変化（愛知県環境部資料）

(二) 埋立との関係

愛知県水産試験場では、図9のように三河湾における赤潮の発生日数の増加と、三河湾内の埋立面積の増加との間に関係があるのではなかろうか、と気づいた。

この図で明らかなように、渥美湾の湾奥で一九七〇年から一九八〇年の間に急速に埋立が進んだ。愛知県企業庁のより詳しい資料によれば、埋め立てられた面積はさらに大きく、湾奥の三河港付近だけで、一九八〇年までに約千五百ヘクター

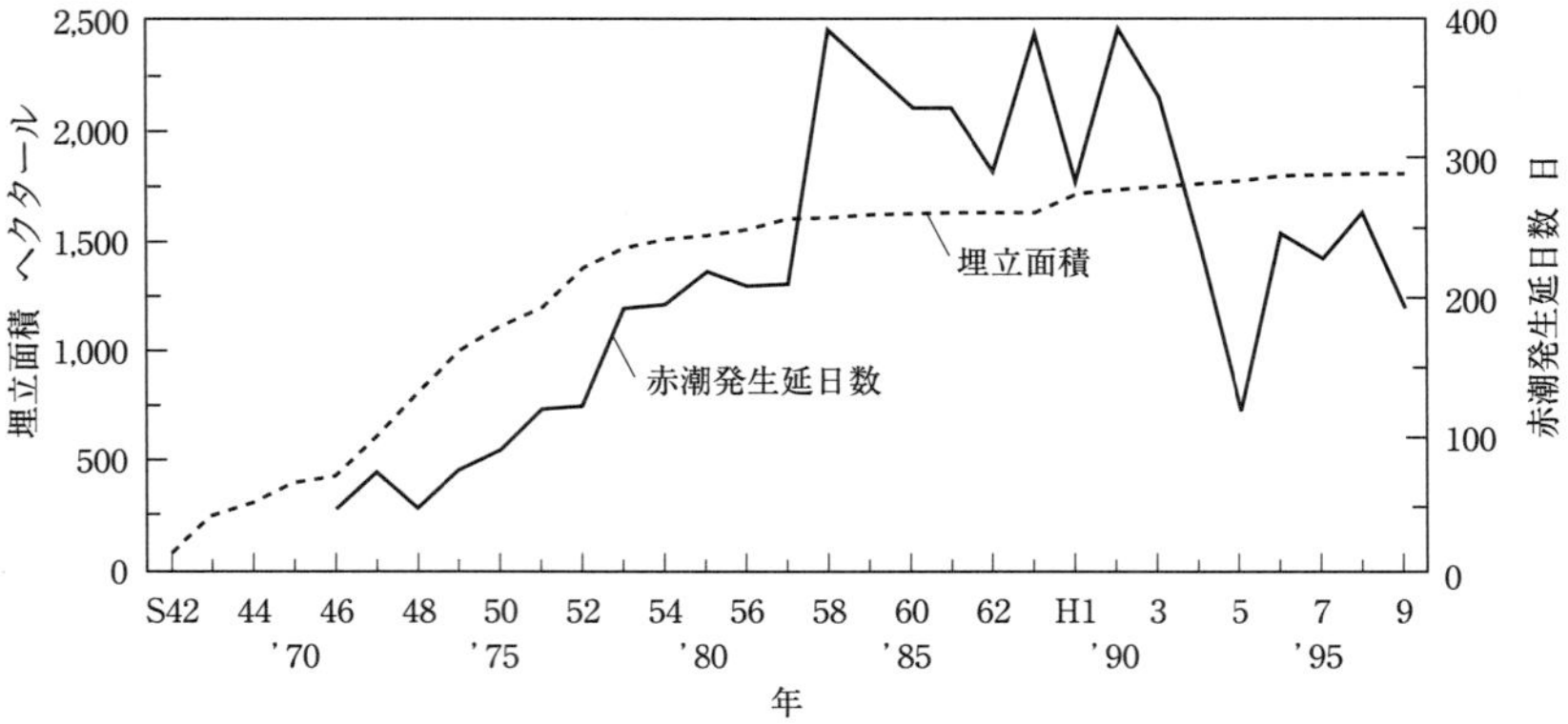

図９　三河湾の赤潮の年間発生延日数の変化と埋立面積の増加の関係
赤潮発生延日数とは、二つの水域で発生した時は２日と数えている。なお、1993年は冷夏であった。（愛知県水産試験場漁場環境研究部資料）

ル、一九九六年までには二千ヘクタールに及ぶ広大な干潟、あるいはその周辺にある藻場も含めた、いわゆる浅場が消失した。三河湾全体としてはさらに大きく、一九九六年までに、企業庁関係だけで約一・五倍以上の三千三百ヘクタールが埋め立てられ、現在も主として港湾区域で埋立が進められている。干潟・浅場の浄化作用については三四頁以下で述べる。

これと赤潮の発生が増え、貧酸素化が深刻になったことと、どんな関係があるのだろうか。汚濁の進行の第二段階の原因も含め、ここで三河湾の汚濁が進んだ原因をかんたんに整理しておく。

a　三河湾、特に渥美湾は、流入河川の水量が少ないため、湾内外の水の交換が悪い。

b　経済の高度成長に伴い、一九六〇年頃から一九七〇年頃にかけて各種排水としての窒素・リンの流入が増えたために、植物プランクトンが増え、富栄養化による水質汚濁が急速に進んだ。

c　沿岸の干潟・藻場の埋め立てのため、生物による水質浄化作用が低下した。赤潮の発生が慢性化し、その沈降・分解により夏期の底層の酸欠（貧酸素化）が著しくなった。

d　豊川用水開発などに伴い、流入河川の水量がさらに減り、湾内外の水の交換がより悪化した。

㈢　特に大きな問題は貧酸素化

植物プランクトンが増えれば、それを餌とする動物プランクトンが増え、魚も増える。こう考えれば富栄養化が悪いとはかぎらない。現に養魚池などでは肥料をやって植物プランクトンを増やしている。しかし「過ぎたるは及ばざるがごとし」といわれるように、植物プランクトンが増えすぎると、湖やダム湖を水源とする上水道に臭いがついたり、いろいろな問題が起こる。最も大きな問題は深い水中の酸素の欠乏である。この問題が三河湾東部の渥美湾でも深刻になっている。

第一章で述べたように、植物プランクトンは植物として光合成を行い、太陽の光エネルギーを使って有機物を合成し、酸素を放出している。しかし、植物プランクトンが水面付近で大発生すると、増えた植物プランクトン自身が水中に入る太陽の光を遮ぎるため、水中の光が不足し、植物プランクトンや海藻が光合成を行って酸素を出すことができなくなる。

一方、多量に発生した赤潮などの植物プランクトンは、活性が弱まると、しだいに深く沈んでいき、海底付近でバクテリアなどで分解される。その際、バクテリアの呼吸などで酸素が消費されるため、水中の酸素が次第に減って無酸素にさえなる。

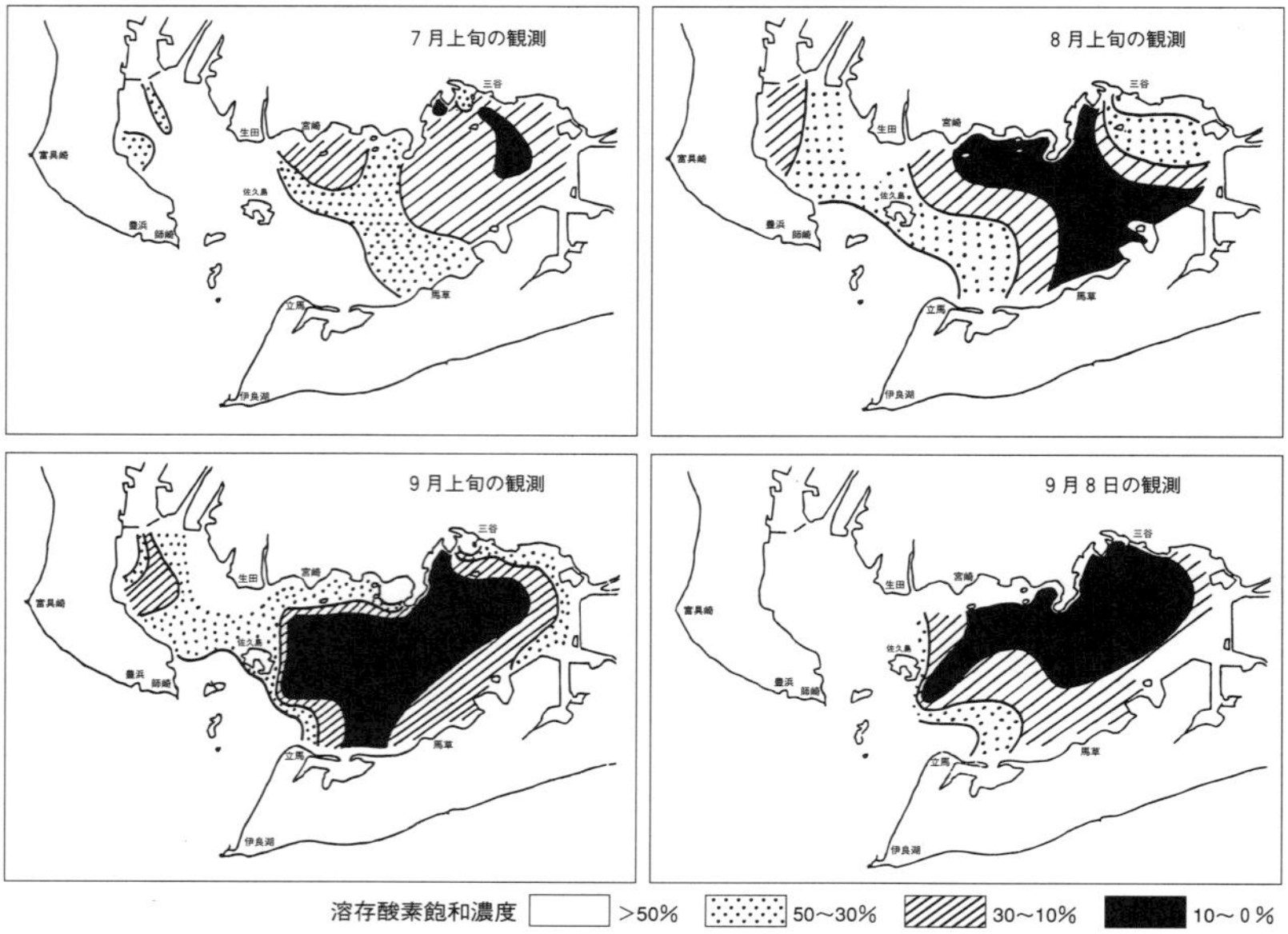

図10　三河湾底層における1998年7月から9月の貧酸素（酸欠）水域の変動

東部の渥美湾の水深は約８〜10メートルあり、４〜６メートル以深が貧酸素になる。水中の酸素量は飽和度（大気中の酸素と水中の酸素が平衡状態にあるときの酸素量を飽和量と呼び、海水の酸素量とこの飽和量との比を％で表したもの）で示してある。（愛知県水産試験場漁場環境研究部資料による）

㈣　夏は水中で酸欠を起こしやすい

大気と水がよく混じり合っているときの水中に溶ける酸素の量（飽和量と呼ぶ）は、水温により異なる。淡水で、例えば二十五℃のときは、四℃のときの三分の二の酸素しか溶けていない。海水のように塩分濃度が高いと溶けている酸素量はもっと減る。したがって、水中の生物の酸欠状態は夏に起こりやすい。水中の溶存酸素が減ることを「貧酸素化」と言い、酸素の減った水のことを「貧酸素水塊」と呼ぶ。図10に夏期の三河湾における貧酸素化の進行状況を示した。

さらに、海水中で酸素が全く無くなると、海水の中に多量に含まれている硫酸塩がバクテリアの作用で還元されて硫化水素が発生するようになる。硫化水素は生物に対し

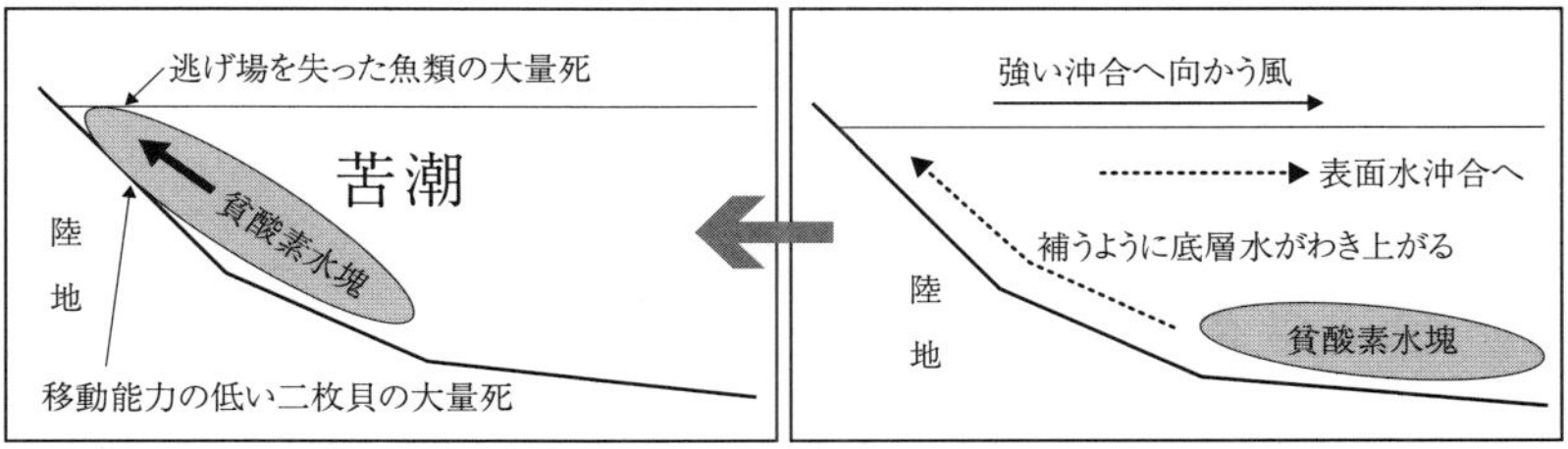

図11　苦潮が発生するメカニズム（山田浩且氏の図を改変）

て強い毒性がある。

三河湾で、夏に深い層が貧酸素状態になっているとき、陸地の方から沖合に向って強い風が吹くと、図11に示すように、表面水が沖合に移動するにつれて、底近くの貧酸素水塊が沿岸に近づき、水面まで上昇してくる。これが苦潮である。酸欠状態になるため、アサリなどの二枚貝が大量死し、水面付近にいた魚もたくさん死ぬ。硫化水素は海面近くで硫黄のごく細かい粒子(コロイドと呼ぶ)のため、水面が蛍光を帯びたような青味がかった色に変わる。このため、苦潮は青潮とも呼ばれる。筆者も渥美湾の調査をしている頃、苦潮でスズキなどの魚が死んで浮いているのを何度か見たことがある。

(五)　酸素がなくなれば生物が生活できなくなる

水中の酸素が減っていくと、魚介類は次第に生活しにくくなる。各種の生物がなんとか生活できる溶存酸素量の限度は一リットル中に三ミリグラムと言われている。酸素量がそれ以下になると、酸素の欠乏に強い生物だけが生活できる。海水中で最後に生き残るのはゴカイの仲間であるが、それも無酸素では生きられない。とくに硫化水素が発生したらひとたまりもない。養魚池などでは、植物プランクトンが増えすぎて深い層が酸欠状態になるのを防ぐために、水面に設けた水車のようなものを電気で回して、上下の水を混合させている。

㈥　酸欠になると底泥からの窒素、リンの溶出も増える

海底付近の水中の酸素が無くなると、富栄養化にとって重大なもう一つの問題が生じる。海底の泥の表面近くに含まれているリンは、水中に酸素が十分にあるかぎり鉄と結合して底泥の表面に沈殿しており、なかなか水中に溶けだしてこない。しかし、酸素が少なくなると、泥からはなれて水中に溶け出してくる。無酸素になって増える底泥から水中への溶出量は、酸素が十分あるときに比べ、窒素の場合は二倍程度だが、リンの場合は七～八倍と高い。これらの栄養分は、いずれ海の表層近くに運ばれて再び植物プランクトンの増殖に使われる。

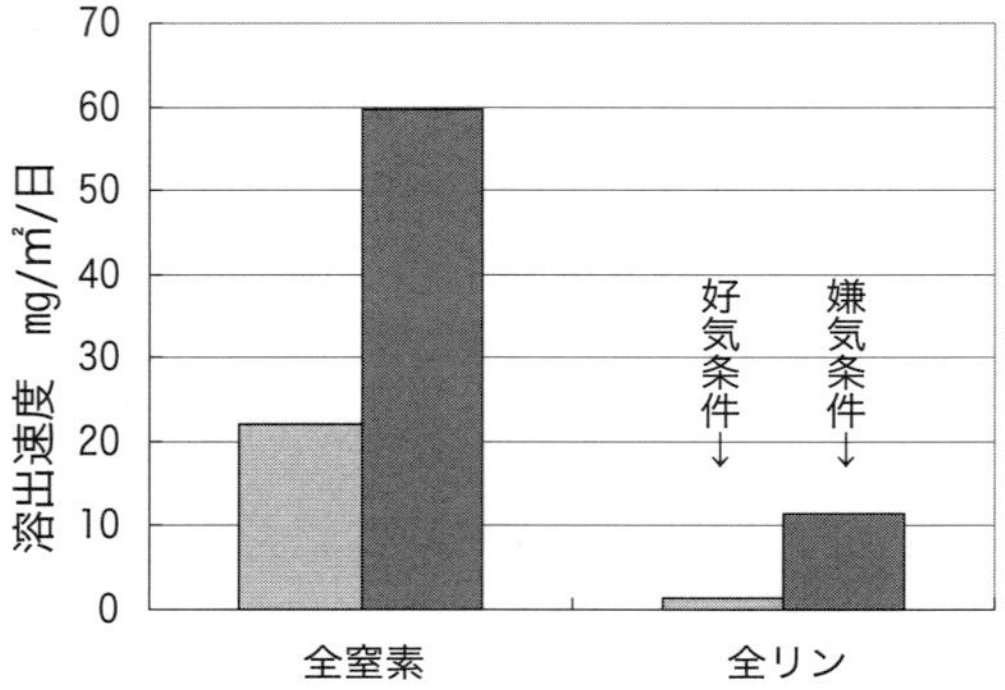

図12　三河湾の底泥からの窒素・リンの溶出
水中に酸素がある場合（好気）とない場合（嫌気）の溶出速度（mg/m²/日）、30測点で年４回の平均値
（愛知県環境部、1991）

　このように海や湖沼の富栄養化が進んできたとき、底泥近くの水中の酸素が著しく減少すると、底泥からも窒素・リンが供給され、富栄養化が一層促進されるようになる。例えば湖沼でも、近年琵琶湖の湖底付近の酸素が夏から秋にかけて著しく減って、年々無酸素に近い状態になりかけており、それによる底泥からの窒素とリンの溶出が心配されている。

第三章　干潟の重要な役割

◉――全国の干潟が急速に減っている

環境庁（当時）の調査では一九四五年（昭和二十年）の全国の干潟面積は八二、六二一ヘクタールだったが、二〇〇〇年には四九、八九三ヘクタールとなり、約四〇％の干潟が失われてしまった。干潟が最も多いのは有明海で、全国の約四〇％を占め、瀬戸内海の周防灘西部、伊勢・三河湾がこれに次ぐ。これらの海はクルマエビの漁獲量が高いので知られていた。埋立が進むとクルマエビの漁獲量は急減し、一平方キロメートル埋め立てられると瀬戸内海では六トン、東京湾では十トンほど減少したと言われる。親エビは沖合で産卵するのだが、孵化した稚エビは潮に乗って干潟へ来て、外敵を避けて成長する。アサリも干潟で大きな漁獲量があったが、一平方キロメートル埋められると漁獲量が約百六十トン減少している。ノリをはじめ、様々な漁業生物も干潟の埋め立てで大きな痛手を受けている。

干潟にはシギやチドリをはじめ多くの渡り鳥が訪れる。干潟は餌となる多くの生物が生活しているからである。

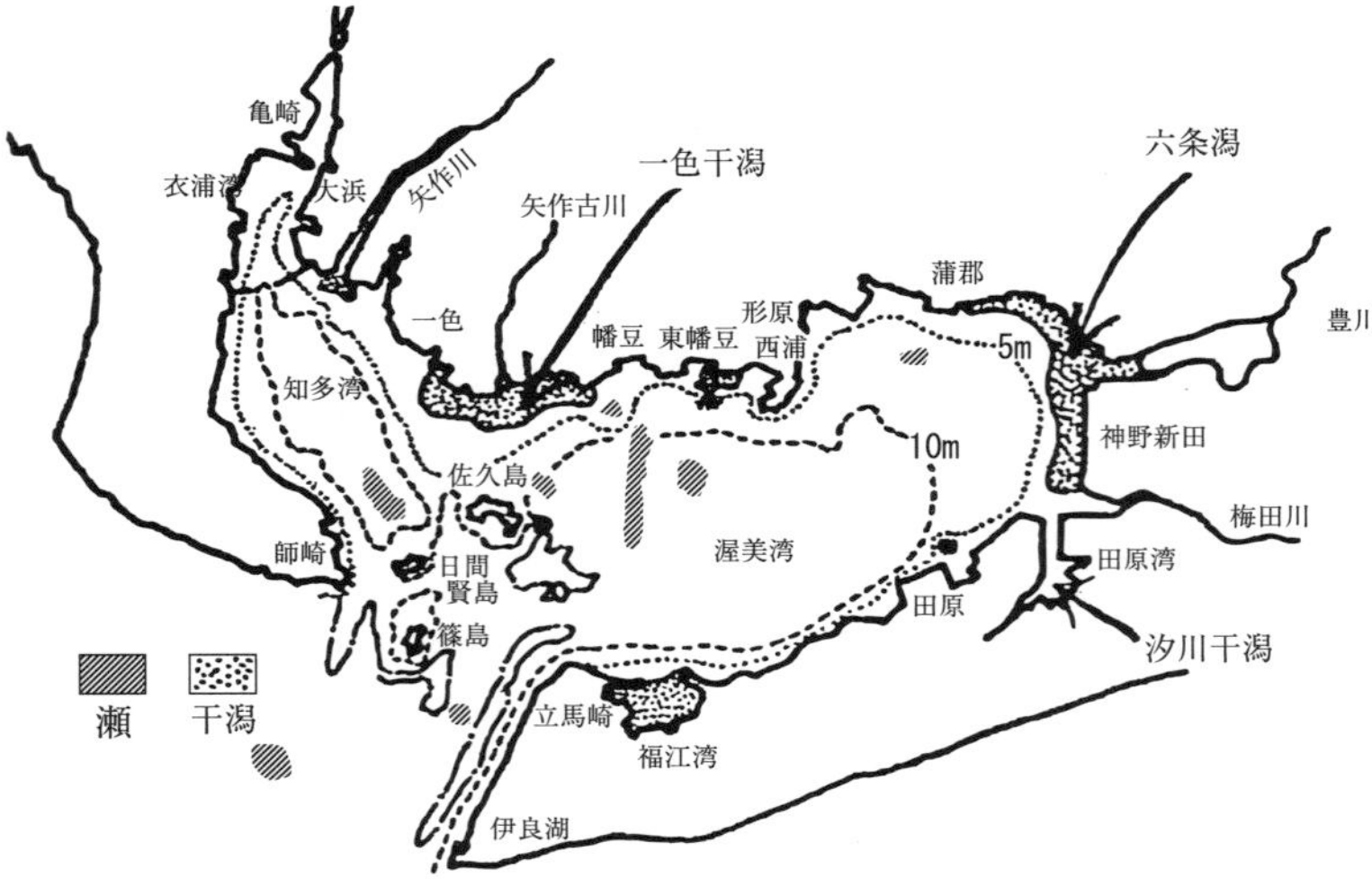

図13　現在残っている三河湾の主な干潟の概略
このうち六条潟は三河港港湾計画では埋立て区域に入っている。

三河湾で赤潮、苦潮、貧酸素水塊の発生などが起きた主な原因の一つは、すでに図9で示した埋立面積の増加、それにともなう干潟の減少である。現在残っている干潟の概略を図13に示す。干潟があるところで海水がきれいになることは経験的に知られていたが、浄化機能の詳しい研究が行われたのは一九八〇年代からで、三河湾西部の一色干潟における中央水産研究所や愛知県水産試験場等の五年間の共同研究で実態が解明された。

◉――干潟にはさまざまな生物が棲んでいる

干潟の泥の中にはじつにさまざまな生物がいる。泥の表面には、泥の粒にくっついて微細な付着藻類や大型の海藻が生えている。泥の表面や内部には顕微鏡でなければ見えないバクテリアから、もっと大きなアサリやカニのような動物がいるなど、大きさから生活の仕方まで多種多様な生物が生活している。それらがお互いに関係しあって一つの

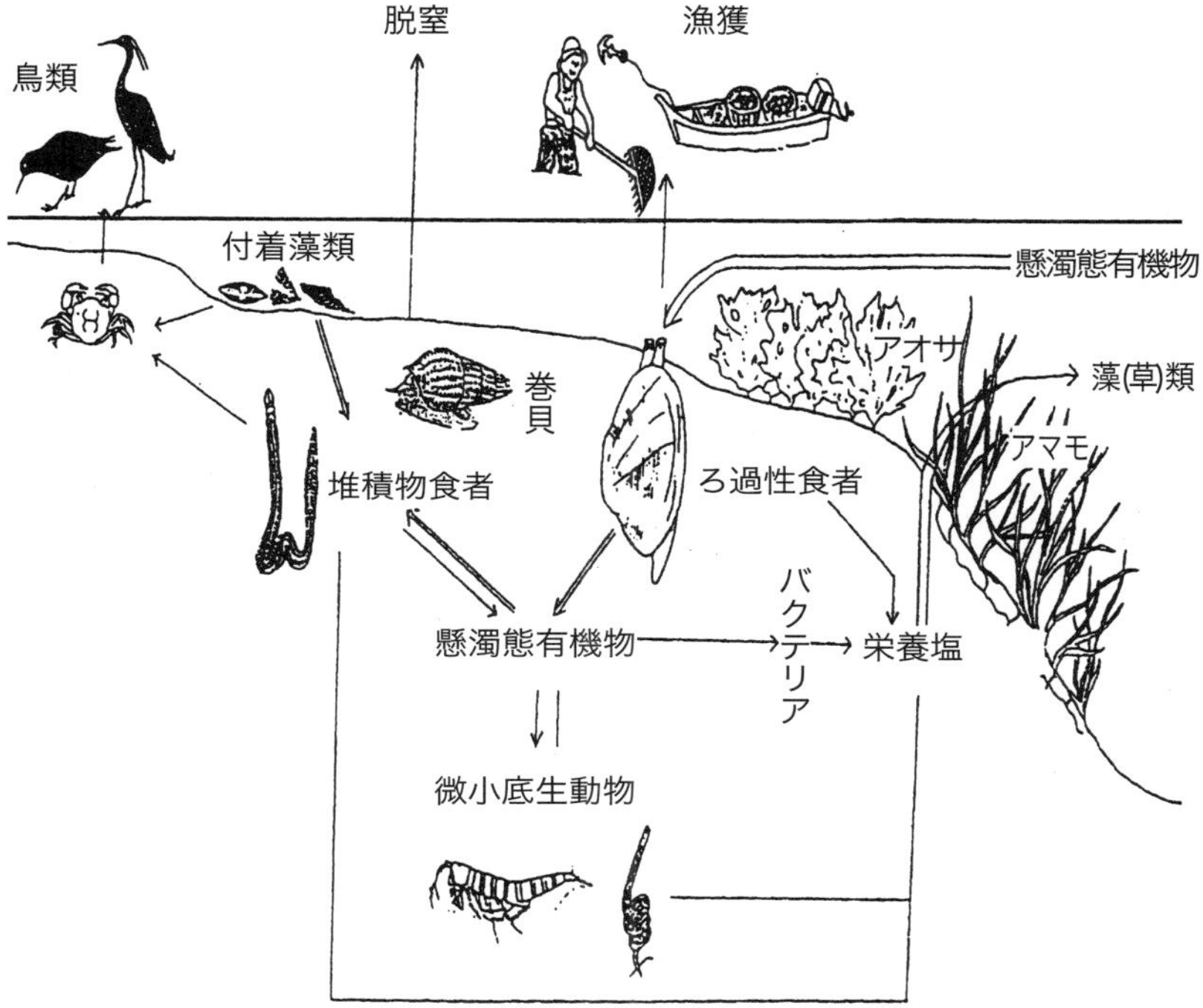

図14　干潟生態系

生態系（図14）を作っている。

◉——どの生物がどんな浄化作用をするか

ここで参考までに陸上の下水処理の仕組みを考えてみる。処理場に入った下水はまず沈殿池に入れられ沈降しやすい汚濁物が除去される（これが一次処理である）。その後の処理は二つに大別できる。第一は水中の有機物を分解してＢＯＤ（生物化学的酸素要求量）やＣＯＤ（化学的酸素要求量）で示される有機物量を減らすことで、二次処理と呼ばれている。第二は水中の有機物の分解だけでなく、処理水中に残った窒素やリンを除去することで三次処理または高次処理と呼ばれている。

干潟の浄化作用も、下水処理場にたとえ

て、次の二つにわけて考えることができる。

第一は、さきの二次処理、つまり有機物の除去である。餌をろ過して食べるアサリなどによる除去、底泥を食べるゴカイの仲間やバクテリアによる有機物の分解がこれに相当する。

第二は、下水の三次処理に相当する役割である。アンモニア、硝酸などの栄養分としての窒素を、微生物の脱窒作用（貧酸素状態で硝酸態窒素が窒素ガスに変えられる作用）で大気中に放出、除去する。漁獲により取り上げて除去する。鳥類が餌として外部に運び出す。干潟周辺に生育しているアマモやアオサのような大型植物や干潟表面の微細な付着藻類が光合成生産に取り込み利用する。ただし、アマモやアオサは秋には枯れて、その中の窒素、リンなどはいずれ水中にもどってくるが、赤潮や貧酸素水塊がとくに問題になる夏の間、水中の窒素・リンを減らすので水質悪化を防ぐのに有効なのである。

アサリ一個は一時間に一リットルの海水をろ過する

浄化作用をもう少し詳しくみると、アサリは吸水管というパイプを水中に出して植物プランクトンなどの餌を吸い込んで生活している。殻が三センチくらいのアサリが吸い込む海水の量は一時間に一リットル程度である。つまり、アサリは一時間に一リットルの海水を浄化する。干潟にいるおびただしい量のアサリを考えると、その浄化能力がどんなに大きいか想像できるであろう。

愛知県水産試験場の最近の調査によれば、面積十平方キロメートル（千ヘクタール）の一色干潟の生物によって毎秒四百立方メートルの海水がろ過されており、三河湾の海水交換速度の一五～二四％に相当する量である。これらのデータを基に、一九七〇年代に埋め立てられた約千二百ヘクタールの浅場は、その生物の豊かさから考えて、毎秒一六九〇立方メートルの海水をろ過していたと推定される。これは三河湾の海水交換速度の六五～一四五％に相当したと試算できる。

干潟にはアサリ以外にもさまざまな動物が生活していて、水質浄化に役立っている。それらを食べる渡り鳥なども、水中から有機物を運び出す役をしている。また最近の寺井久慈氏らの研究では、名古屋市がゴミ処理場を作ろうとした藤前干潟では、底泥表面の付着藻類の光合成量が、上の水中で植物プランクトンが行う光合成の二倍にも達する。これは藻場と同様に、赤潮プランクトンを発生させる窒素・リンを減らす働きをしているはずである。

◉――魚類生育の場としての藻場の重要性

干潟の先に藻場がある。図15に示すように、一九五五年ころまでは三河湾沿岸のいたるところにアマモを主とする藻場があった。しかし一九七〇年以降は大部分が消滅してしまった。藻場が急減したのは、埋立の影響だけではない。富栄養化で水が汚濁して透明度が低下したため、水中の光が不足してアマモが光合成ができなくなったのが大きな原因と考えられる。わずかに残った

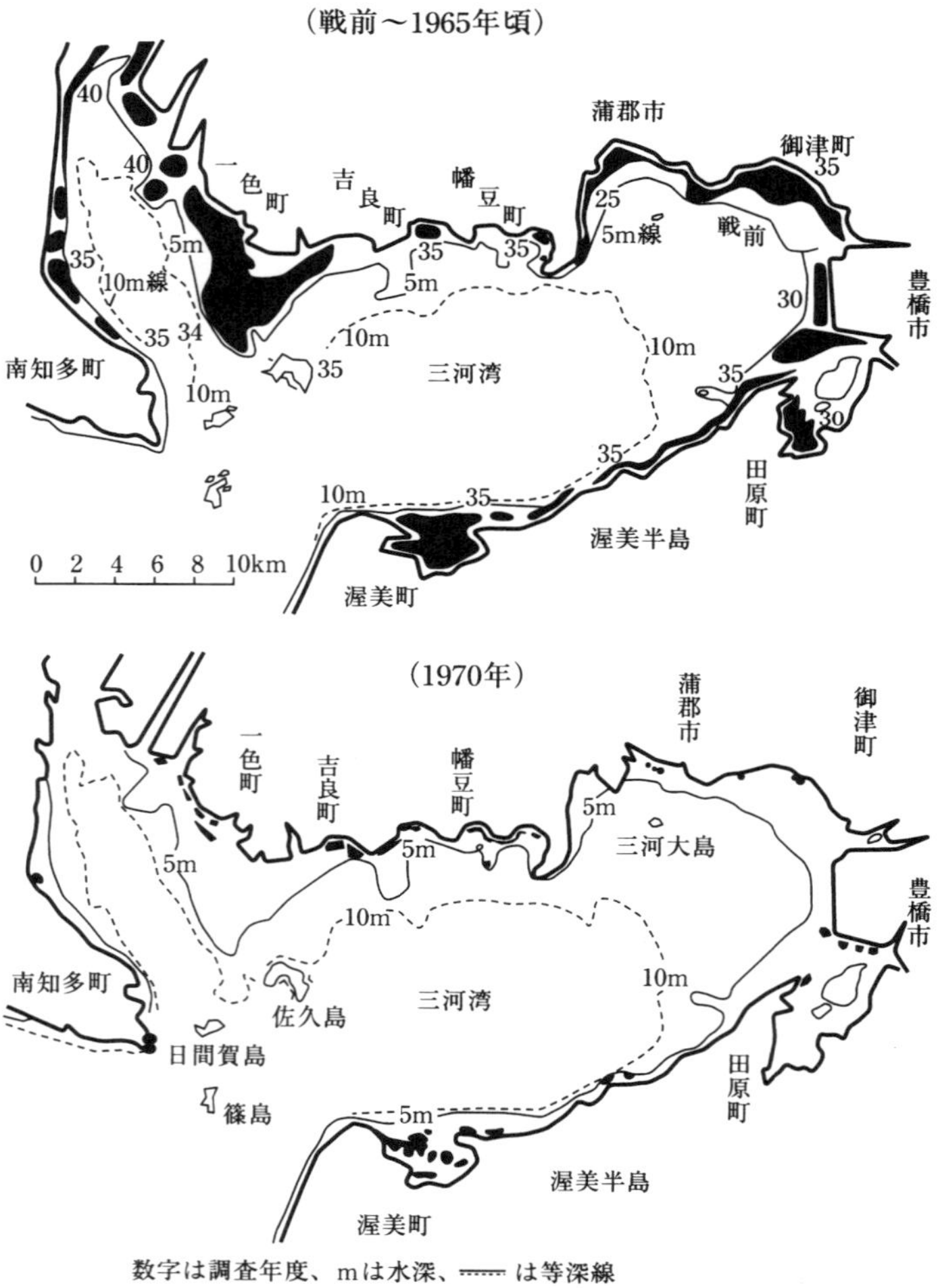

数字は調査年度、mは水深、------- は等深線

図15　三河湾の藻場の急激な減少（愛知県、1990）

藻場も三河港内の六条潟のように現在埋め立てかけられている。さきに述べたように、藻場が無くなることは、その場が漁場としてだめになるばかりか、魚の産卵・仔魚の生育の場が無くなることを意味し、湾内外の漁業生産に致命的な打撃となることを見逃すことはできない。

　最近の水産試験場の調査結果では、ア

サリは放流の効果などで増えて、浮遊物を除去する能力は高まっているが、藻場の減少により窒素・リンの除去機能が低下したことが明らかになっており、このことも赤潮や貧酸素水塊が相変わらず発生し続けている原因の一つと考えられる。

◉——干潟・藻場の浄化能力を経済面から考える

さきに述べた一色干潟における長期にわたる調査で確かめられた干潟の浄化能力を、その経済効果から見ていきたい。その調査結果によると、一色干潟はその上の海水を一日に二回ろ過するだけの浄化力があるという。つまり千ヘクタール（十平方キロメートル）の干潟（ほぼ一色干潟の面積）は、人口十万人の都市の下水処理場に匹敵する水質浄化能力がある。一日の最大処理水量七五・八千トン、処理対象面積二五・三平方キロメートル程度の下水処理施設に相当することになる。これを造るとなると、最終処理施設の建設費が一二二億円、その維持管理費が毎年五億七千万円。さらに下水道施設として必要な用地費、ポンプ施設、管きょ延長二百キロメートルとすると、総額八七八億円かかると試算される。

これに対し、人工干潟を造成して役立てようとする場合には、約六十八ヘクタールのアサリ養殖場を造成するのに、約五億三千万円かかった例から考えて、仮に一色干潟（十平方キロメートル）を同じ単価で造れたとして、七十七億九千万円となり、干潟造成は下水道施設費の約十一分の一の費用でおさまることになる。

また下水処理場は維持管理費が必要だが、干潟からは逆に漁獲などによる収益がみこまれる。干潟周辺の藻場や干潟表面に生育している付着藻類には、窒素・リンの除去などの、三次処理的機能があることも忘れてはならない。

◉――人工干潟造成の意義と問題点

「干潟を埋立てる代わりに人工干潟を造る」ということが、環境影響評価書などによく書いてあるが、埋立面積と人工干潟の面積の比に注意する必要がある。埋立面積の十分の一くらいの申しわけ程度の人工干潟を作り、環境保全に配慮しているという口実に使っている例が多い。

一方、小規模の人工干潟を作って、アサリなどの高い収益を得ている例は少なくない。多くの干潟が埋立により失われてしまった現在、人工干潟を作ることは、真剣に考える必要があり、現在、実験的検討もいくつか行われている。ただ、本来干潟というものは、潮汐による水位差（潮位差）の大きな太平洋沿岸の内湾で、堆積作用と侵食作用のバランスで形成されたものである。人工的に作っても、それを長期間維持することは容易ではない。たとえば、広島湾に作られた人工干潟は生物の生育状況なども良好な例として報告されていたが、台風で消失してしまった。

今後、適地や工法の選定に十分な配慮が必要と考えられる。

内湾環境を回復させるために有効な手段

ここまで悪化した内湾環境は、たとえ埋立を禁止できても、それだけでは、もとの豊かな水域への回復はきわめて困難と考えられる。そこで考えられるのは、一九七〇年代に埋立により失われた千ヘクタール以上の干潟に匹敵する、大規模な人工干潟・浅場の造成である。

これに関して、愛知県水産試験場では次のような長期にわたる現場実験を行った。まず、三河湾の一色干潟周辺のヘドロ化したところに人工的に砂を入れ（人工干潟）、五ヶ年間にわたり、生物量や水質浄化能力について自然干潟と比較研究した。約三年程度で自然干潟を越えるようになった場合も見られ、その効果があることが認められた。

ここで問題になるのは、他の海域の環境を破壊しないで必要な海砂を入手することである。上記の場合は、現在国土交通省が伊勢湾湾口の中山水道において、大型船通行を安全にするために掘削を行っており、その工事で得られた砂を使って一九九九年から干潟・浅場の造成を行った。その砂は理想的なものとまでは言えないが、二枚貝の発生や魚類幼稚仔が集まることが観測され、効果があると認められている。このように、人工干潟・浅場の大規模な造成はまだ実験段階であるが、内湾環境の回復手段として、実用化に向けて、さらにいっそうの実験的、あるいは現場における研究、造成方法の工夫などが強く望まれる。なお、この砂の供給源として、海外で海砂採取を行い、その水域の浅海環境を悪化させた問題も起きている。

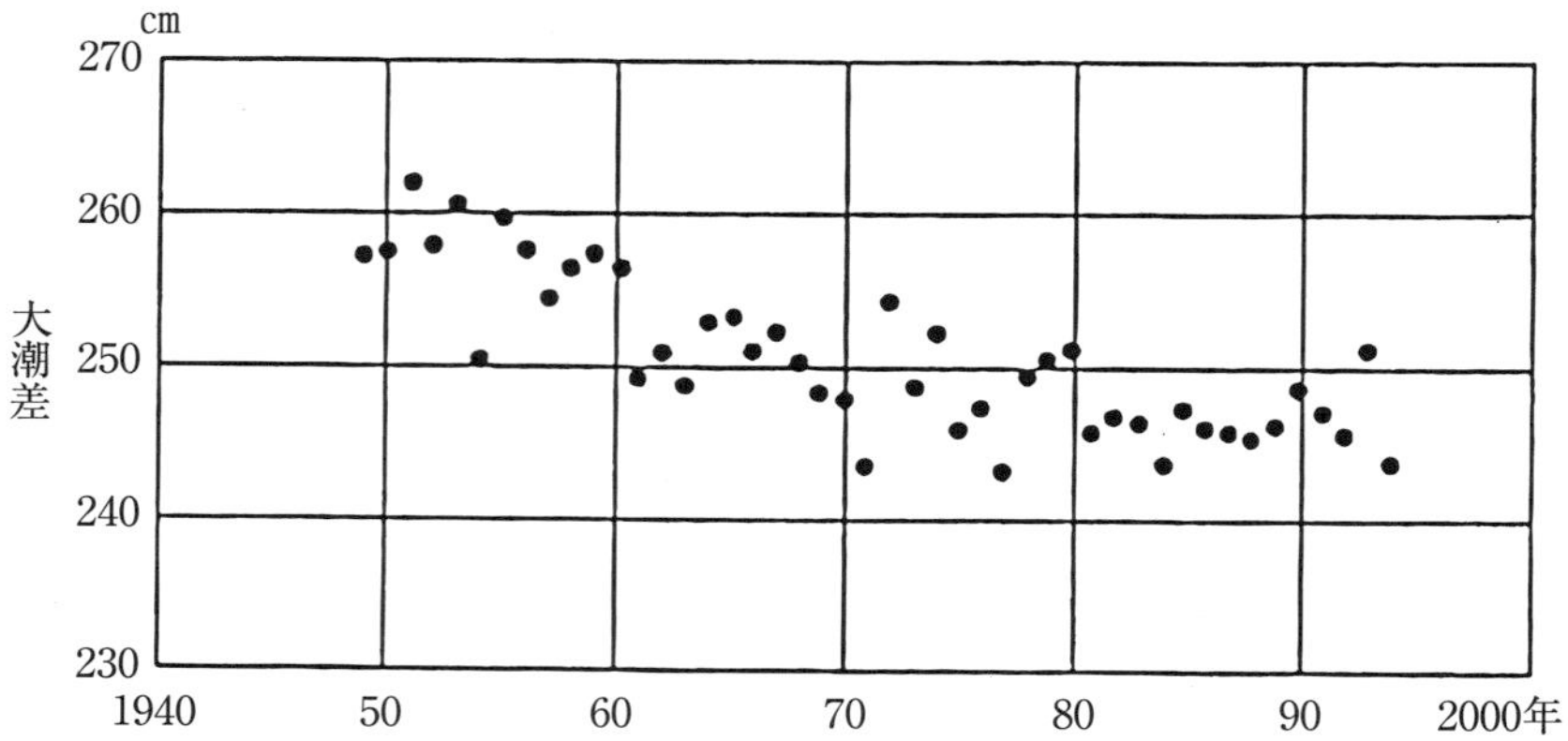

図16　伊勢湾名古屋港における大潮差（大潮の時の潮の満ち引きによる水位差の平均値）の経年変化
伊勢湾の埋立ての結果、年々潮汐が減少している。

浅場を埋め立てるかわりに島を造るのならよいか

また、「干潟を埋立てると水質を悪化させるのなら、かわりに湾の中に島を造ればよいのではないか」という考え方が行政から出されたことがある。この考え方に対するはっきりした答えを宇野木・小西両氏が出された。図16に示すように名古屋港で、一九五〇年から一九九五年にかけて、次第に潮汐が弱まってきている事実が見出された。これは埋立の結果、水面の面積が縮小し、湾自体の振動周期が小さくなったためである。それにともなって水の動きが弱まり、湾内外の海水の交換や、底層への酸素の供給も低下する。また潮汐が弱まると、もともと干潟は潮の満ち干きの間に、水面から砂地が露出する場であるから、干潟の面積を減少させ、浄化作用を弱めることになる。島を作っても水面の面積が減少することは同じである。

第四章　三河湾と豊川

◉――渥美湾の最奥部にそそぐ豊川

三河湾の五分の四以上を占める東部の渥美湾は、とりわけ海水の交換が悪く、汚濁が進んでいる。その最奥部に流れ込んでいる川が豊川《とよがわ》で、ほかに湾の奥にそそぐ大きな川はない。豊川は全長約七十七キロメートル、流域面積七二〇平方キロメートル、年間流量十億トンの、さほど大きな川ではない。ただし、地元の人たちが「おおかわ」と呼んできたことにも表れているように、かつて豊川は流域の人々の生活や意識の中で大きな存在であった。

上・中流部の流域は三河山地の森林地帯だから、下流部約二十五キロメートルの流域を除けば汚染源は少ない。下流部も大半が農村地帯で、左岸の豊橋市街からの生活排水が流れ込む河口からおよそ九キロメートルより下流で汚れは目立つが、全般的にはまずまずの水質を保っている。

◉――豊川の洪水対策（治水）と水利用（利水）

豊川は古くから暴れ川として知られ、治水の努力が営々と続けられてきた。中世以来の河川工

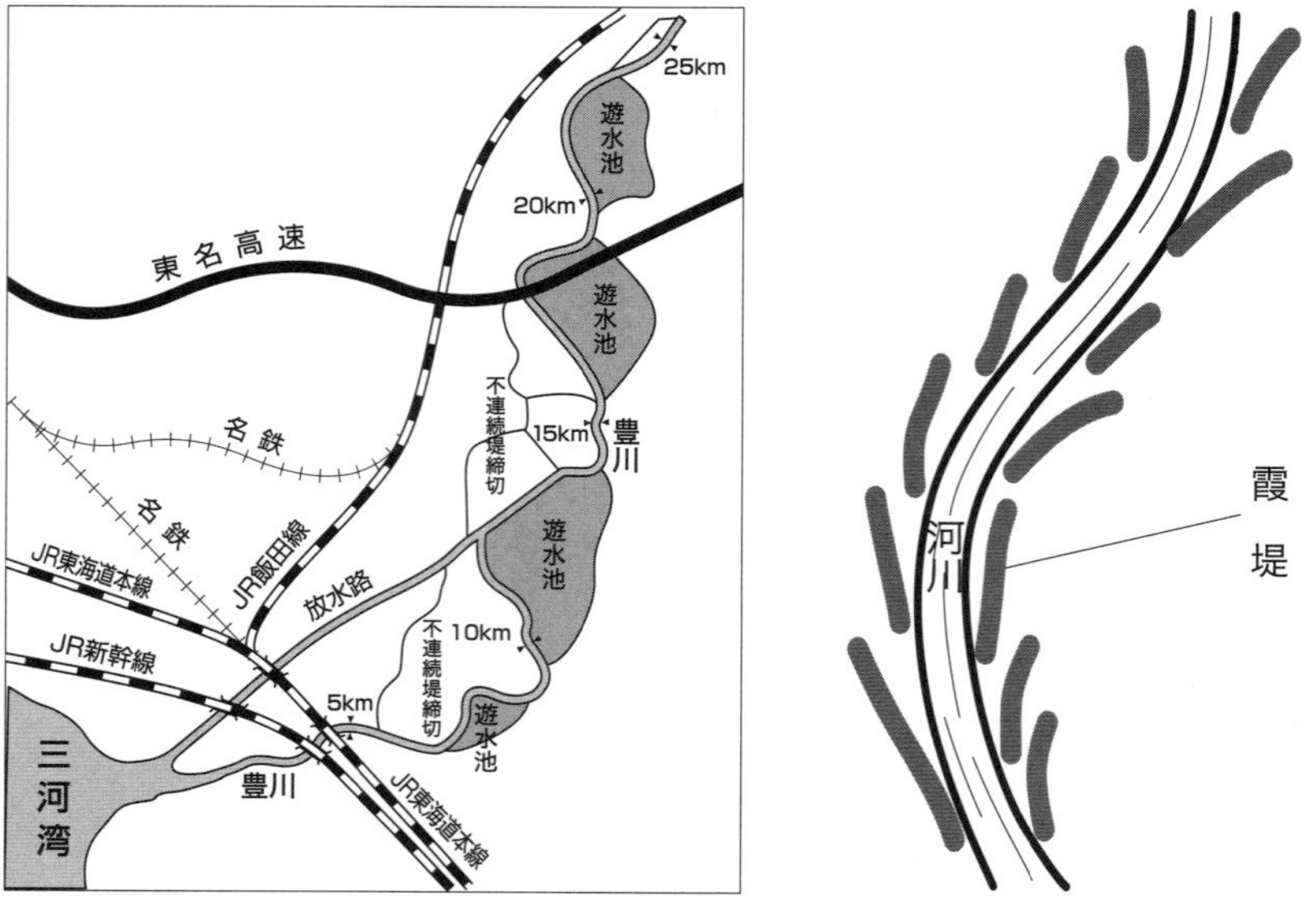

図17　霞堤の模式図（右）と豊川に残っている「不連続堤」（左）
堤防を不連続にしておき、出水時に切れ目から水を溢れ出させて水勢を弱め、一時的には水がたまるが、集落や農地を致命的な破壊から守るという中世からの治水の方式

法である図17のような、いわゆる「かすみ堤」なども、一九六〇年代まで続いてきた。不連続な堤の切れ目部分から洪水を溢れさせて、勢いを弱め、堤が破壊されて受ける致命的な被害から集落や農地を守る。大雨が止めば、農地の冠水はそれほど長く続かず、溢水が運んでくる肥沃な土壌は、浸水した農地を肥やす効果さえあった。

豊川放水路が完成した一九六五年以降、右岸の不連続堤が閉め切られたが、左岸の四ヶ所の不連続堤は現在も維持されている。しかし、これら下流部の〝浸水被害〟を受ける地域から、堤防締め切りが要求され、豊川治水の課題となっている。これが上流部に治水目的のダムを建設する根拠の一つとされている。

一方、豊川の清流は、古くから稲作のための潅漑用水に使われてきた。中世以来の松原用水は、豊川右岸の沖積地の水田潅漑用に作られた用水である。明治時代に開発された牟呂用水は、豊川河口に広がる六条潟を干拓して造られた神野新

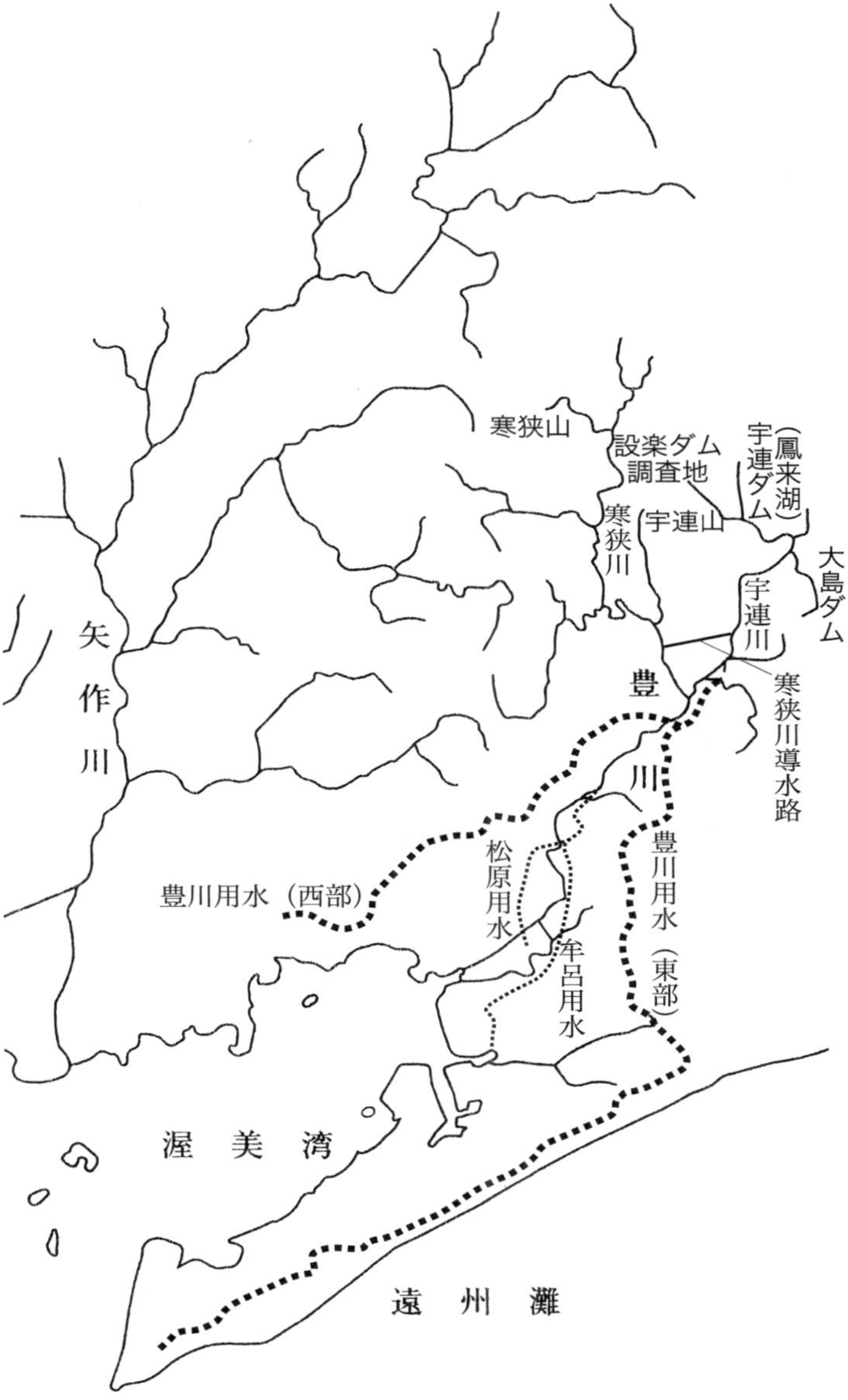

図18　渥美湾へ流入している豊川水系と豊川用水
その他の灌漑水路、ダムなどの分布、さらに建設中、計画中のものも示す。

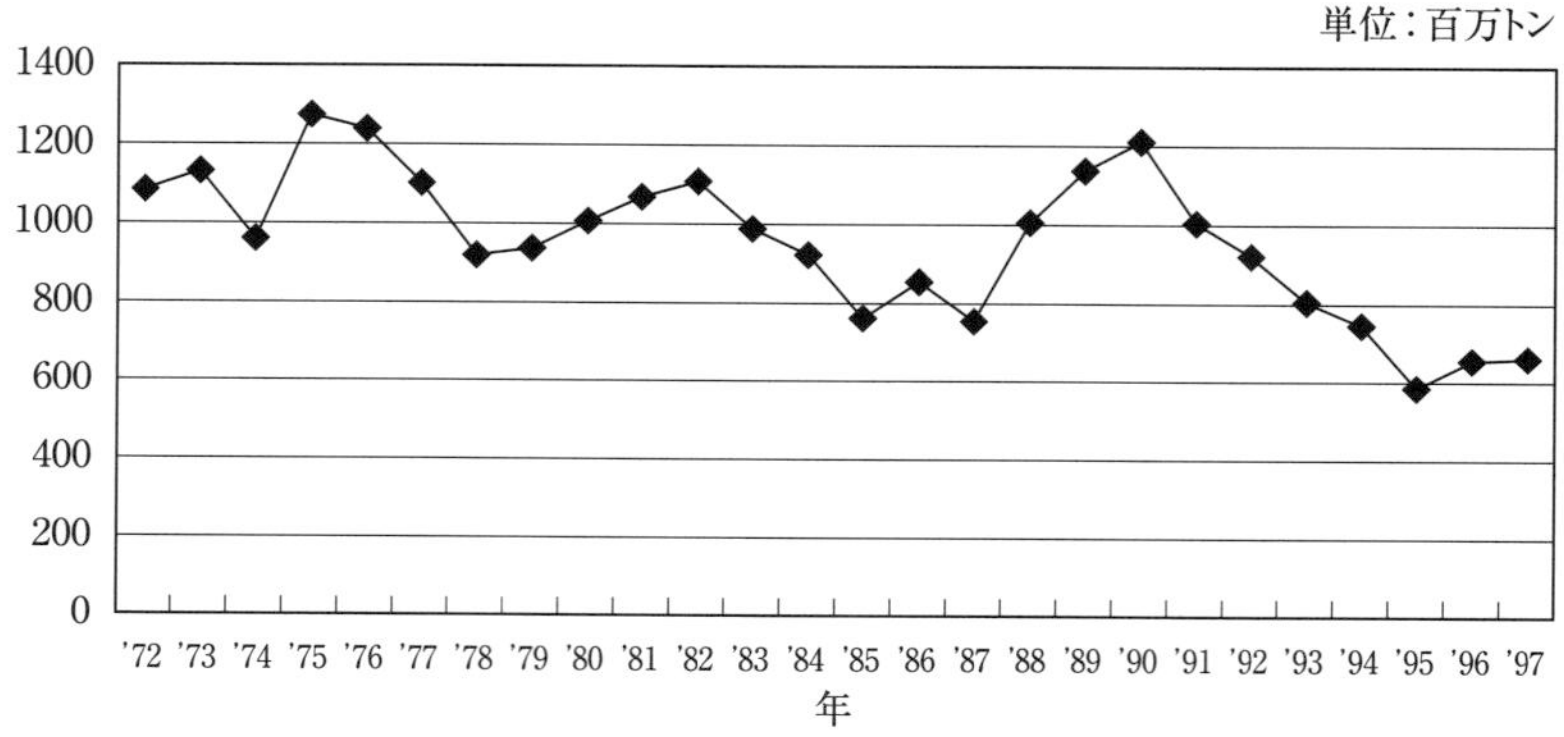

図19　豊川の年間流量の変化
（豊川用水の完成は1968年）

田の潅漑用水である。

一九六八年に完成した豊川用水は、蒲郡から豊橋、渥美半島を含む東三河平野全域、一部は県境を越えて静岡県湖西市まで給水する大規模な総合用水である。

愛知県東部、東三河の平野部、とりわけ豊橋市南部から渥美半島一帯は、地形に奥行きがなく、古くから灌漑用水が不足して農耕に適さない土地が広がっていた。また、蒲郡地区は水源となる川らしい川がなく、生活用水、工業用水ともに不足していた。豊川用水は、豊川流域を越えて、広くこれらの地域に水を供給する役割を負って生まれた。豊川用水の渥美半島を主とする東三河の農業の発展への寄与はきわめて大きかったが、その反面それほど大きくない豊川から多量の水を奪い、豊川の流量は図19のように、無視できない影響を受けるようになった。豊川用水からの取水は現在も増やされつつあり、水の供給量を増やすため、上流に複数の利水目的のダムが建設・計画されている。

◉――新たな豊川総合用水事業――大島ダム（利水ダム）と設楽ダム（多目的ダム）計画

水資源開発公団は、宇連川支流の大島川のすばらしい渓谷をつぶして大島ダム（貯水量一一三〇万トン）を完成させ、二〇〇〇年十月から試験湛水を始めた。また国土交通省は、豊川のもう一つの支流、寒狭川の上流に設楽ダムを計画している。洪水調節と利水に加えて、川の流れ方を改善することを目標にしており、大島ダムよりはるかに大規模で、貯水量が八千万ないし一億トンである。国土交通省の諮問機関である豊川流域委員会は、二〇〇一年三月、ダム建設を進める方向を打ち出した。

これに対して、流域自治体の鳳来町長は、「山を整備して保水能力を備えれば、利水と治水の両面で効果がある。ダムを造っても、山の手入れをしなければ抜本的解決にはならない」と発言している。絶滅が心配されるクマタカや天然記念物の淡水魚、ネコギギなどが生息する自然豊かな地域でのダム建設は大きな問題であり、県財政を圧迫し、水道料値上げにもつながるであろう。

豊川用水は、宇連川の大野地点に取水施設（大野頭首工）があり、従来は寒狭川からは取水していなかった。しかし、給水量を大幅に増やす総合用水計画に沿って、寒狭川の長楽地点に取水施設（頭首工）を設け、導水トンネルにより大野頭首工上流へ流し込む工事が一九九八年に完成し、取水が始まっている。寒狭川の流量が豊富な時期に取水し、下流に設けた巨大な貯水池に蓄

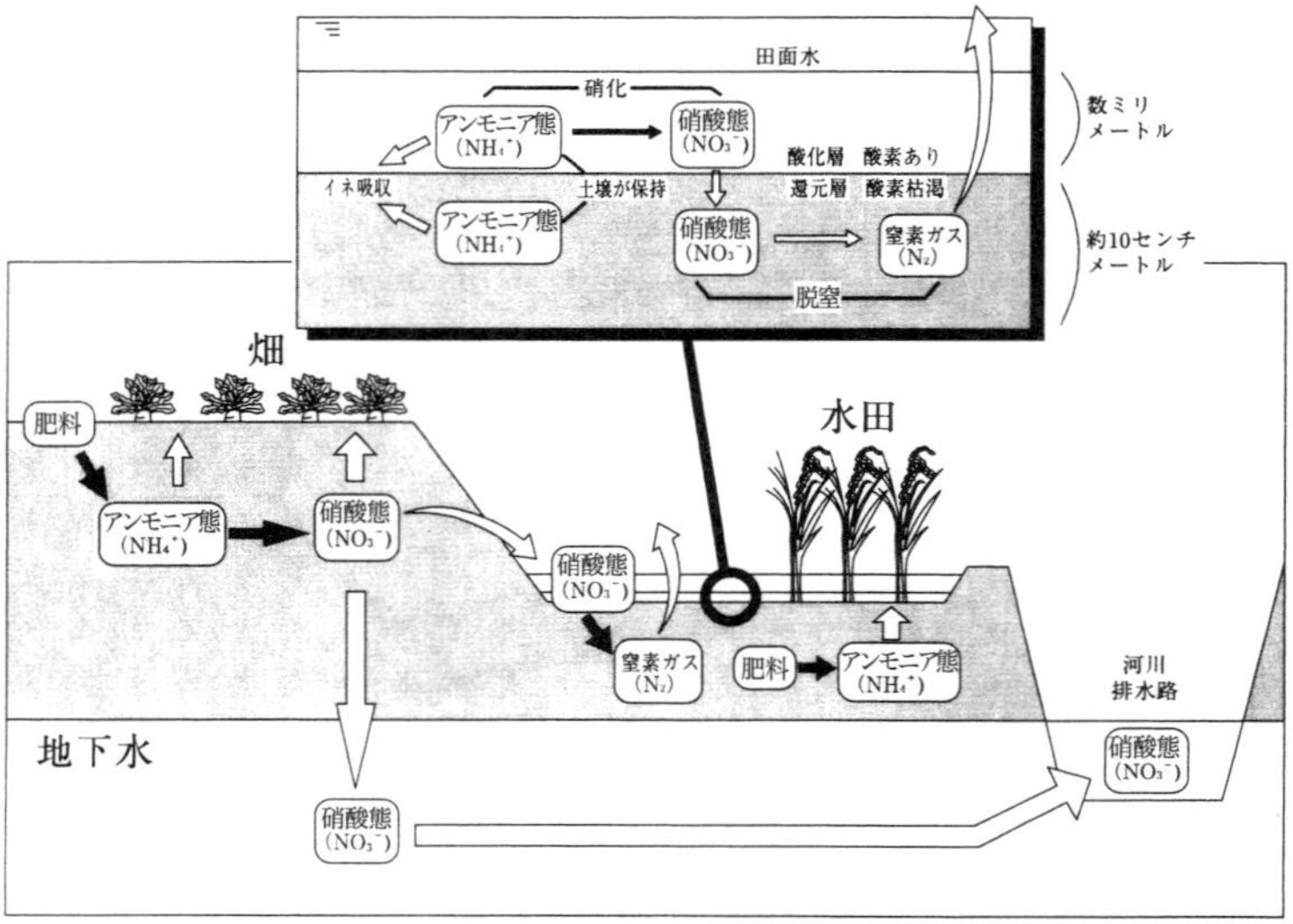

図20　農耕地における窒素の動き

えておき、渇水期に備える計画である。こうして、豊川の流量はますます減少する方向にある。

●――河川と水田のすぐれた自浄能力を弱めてしまった

自然の状態が保たれている河川には、さまざまな動植物が生育し、河川生態系が成り立っている。これらの生物は、魚介類を生産するとともに、「三尺流れて水清し」という言葉があるように、有機汚濁を浄化する能力を持っている。しかし、パイプラインやコンクリートの三面張りでは、そこで生物が生活できなくなり、自浄作用はきわめて弱くなる。豊川下流部に作られた流域下水道も、排水をパイプラインで集め、豊川に平行した別のコンクリートの水路を流下して沿岸の下水処理場へ入る。つまり、河川中流の流量を減らし、河川の天然の自浄作用を失わせている。

水田も河川と同様に、土壌やそこに生育している稲の表面に生育している微生物が有機物を分解する自浄作用をもっている(図20)。また、アンモニア態窒素やリンを土壌に吸着し、酸欠状態では硝酸態窒素を窒素ガスに換えて大気へ戻してしまうなど、栄養塩を水中から除去する能力もある。

かつて中小河川の水が繰り返し水田灌漑に使われていた時期には、集水域から流入してくる窒素・リンは、水田を通過する際に吸収・浄化され、下流部まで低濃度に保たれていたと考えられる。この水田の水質浄化の働きも、用水事業、圃場整備事業と河川改修によって著しく弱められた。畑への灌漑設備が進むにつれて、地下水の硝酸態窒素による汚染が深刻になっている。さらに圃場整備により、コンクリート製のU字溝などを使った直線的な用排水路が造られ、素掘りの溝や木板や杭の土止めがなくなり、水田は田園生態系の一部というより、米の生産工場になり、水田・湿地の生物が生活できる環境がきわめて貧弱になった。

◉――見逃されている河川による内湾の海水交換能力

河川から流入した水は、湾内をどのように流れていくのであろうか。河川水は内湾の海水にどのような影響を与えるであろうか。従来、この問題はまったく考慮されなかった。

三河湾の水交換についての研究によると、図21のように、河川水の流入によって軽くなった湾奥部の海水は上層を通って湾口に向い、逆に湾口部の重い海水は下層を通って湾奥に向かう流れが生じる。その際、下層の水が上層の水に取り込まれる（連行という）作用があるので、図のような強い循環がいつも行われている。なお、上下の水温・塩分の違いが夏は大きく、冬は小さいため、連行作用は夏に弱く、冬に強い。その結果、冬期には流入する河川水量の二十倍以上、夏期には十倍以上の海水が、外海の水と交換される。

次に、三河湾に流入する矢作川と豊川の二大河川によって、三河湾の海水が一年に何回入れ替わるかを考えてみよう。年間の総流量は矢作川一七・九億トン（一九八九年から一九九三年の平均）に豊川一〇・〇億トンを合計すると、二七・九億トンとなる。

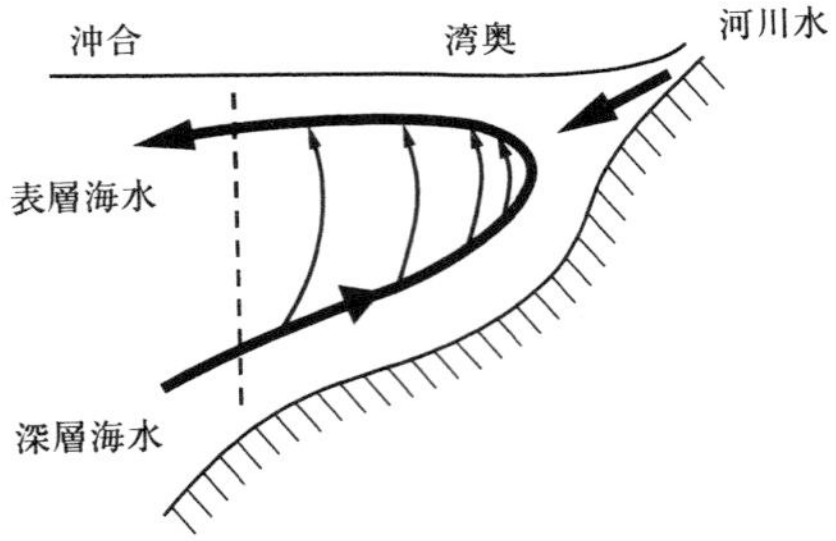

図21　渥美湾の湾内外の水交換に果たす豊川の役割

一年を通して両河川水量の十五倍の海水交換がおきるものとすると、両河川の年間総流量で生じる海水交換は、上の合計の十五倍、四一八億トン程度となる。この値を三河湾の容積（約五十五億トン）で割ると、年に七・六回入れ替わる。つまり、二大河川から流入する淡水で、三河湾の海水はおよそ一・六ヶ月ごとに外海の海水と入れ替わることになる。

◉——知多湾と渥美湾の水が外海の水と年に何回交換されるか

三河湾をさらに知多湾と渥美湾に分けて考えてみる。渥美湾は知多湾の約四・五倍の容積があるから、知多湾の海水は矢作川からの流入水によって年二十七回（平均滞留時間十三日）と比較的速やかに交換されるが、豊川による渥美湾の海水交換は年三・六回（平均滞留時間三・三ヶ月）ときわめておそい。渥美湾は海水交換が著しく遅いので汚染の影響を強く受けていることがわかる。

実際の海水交換は河川水量だけで決まるのではなく、風の影響を強く受ける。この水域では一年を通じて北西風が強い傾向があるが、北西風は、知多湾の水の外海との交換を強めるが、渥美湾内の水の外海との交換を妨げている。

◉――渥美湾の汚濁をさらに悪化させる豊川総合用水事業

このように、もともと渥美湾の海水の交換速度が遅いうえに、さらに一九六八年に豊川用水が完成したため豊川の流量が減少した。それに比例して湾内外の海水の交換速度が平年で二〇％、雨の少ない年で四〇％程度低下したと考えられる。平均滞留時間でみると、豊川用水の取水がない場合は平均三・三ヶ月くらいだったものが、四・五ヶ月と長くなったと推定される。こうして渥美湾では、汚濁のひどい湾内の水がきれいな外海の水と交換される速度が大幅に低下した。その結果、集水域から流入した栄養塩や有機物、湾内の植物プランクトンによって生産された有機物などが、一層湾内に蓄積されやすくなった。

その上、完成した豊川総合用水事業の計画どおりに取水を増やせば、取水の増加により渥美湾

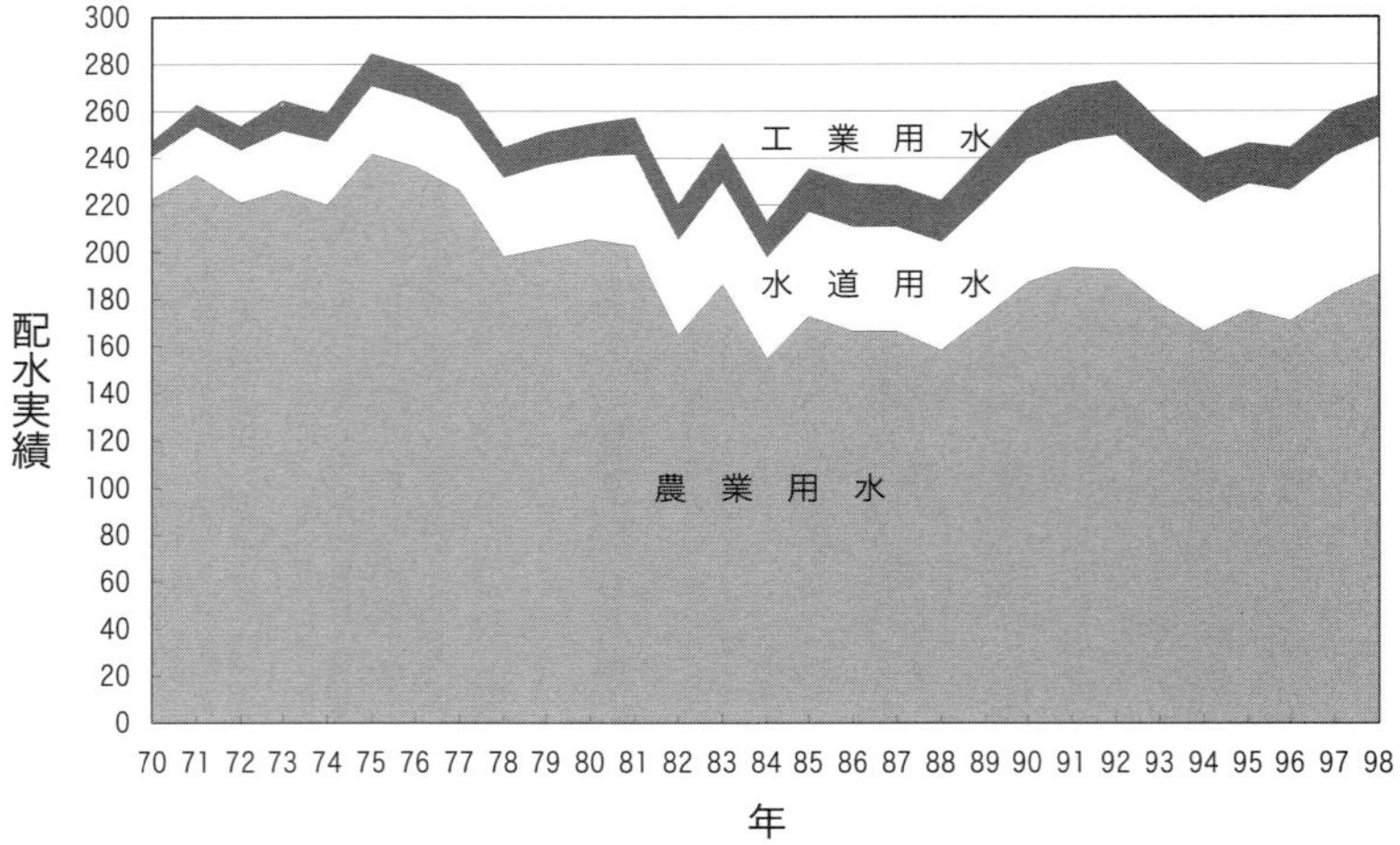

図22　豊川用水からの配水実績
（百万立方メートル／年）

の海水の平均滞留時間は平年でほぼ六ヶ月になり、湾内への蓄積はさらに著しくなるであろう。

●——何のための水資源開発か？

図22のグラフからわかるように、豊川用水の取水実績を見ると、水道用水への取水は増えているが、農業用水が減っているので、全体としては一九七〇年代から一九九〇年代まで二億五千万トン前後のほぼ一定の値で、増加していない。それにもかかわらず、「愛知二〇一〇計画」では、豊川総合用水事業と設楽ダム事業によって、水道用水四〇二〇万トンと農業用水五一六〇万トンの合計九一八〇万トンの新たな水を供給することにしている。豊川用水完成後の一九七〇年代の取水実績に、総合用水事業と設楽ダムによる新規の利水量を合計すると、三億五千万トンを上回る膨大な水供給の計画であることがわかる（図23）。図22のグラフと比較すれば、いかに過大で、無駄な事業計画であるかがよく理解できるだろう。

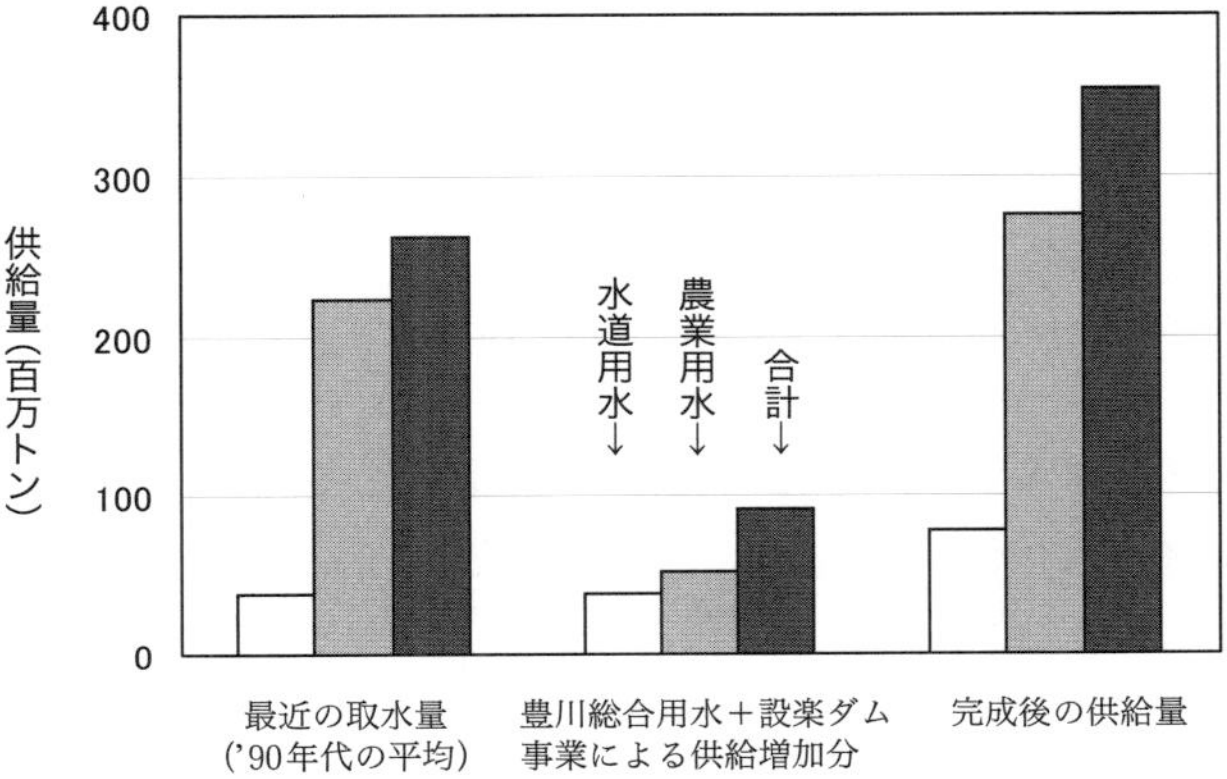

図23　豊川用水の取水実績と供給量の増加

◉——河川水量を減らし、他方で外海水を導入するという計画の大きな誤り

以上述べたように、現在、主要河川の水量を減らして三河湾をはじめとする内湾と外海の海水交換を弱め、水質汚濁をさらに悪化させる方向で工事が進められている。集水域での水環境のあり方を再検討して、主要河川の水量を回復させることが強く望まれる。

ところが、実際に農水省、国土交通省、東三河開発懇談会などで提案されてきた施策は取水を減らすどころか増加させ、湾内の水質を悪化させるような計画を立てている。たとえば、渥美半島を開削して横断水路を造り、外海水を導入すれば渥美湾の奥がきれいになるという話は、一見わかりやすい話である。しかし、既に説明したように、湾内外の水の交換は豊川から流れ込む淡水によって惹き起こされている。その交換量は流量の二十倍にも達する。開削で導入が可能な海水の量は、その十分の一にも満たない。したがって、直接、海水を湾の奥に入れても、流れ込んだ付近だけ少しきれいになるだけで、海水はすぐに潜ってしまい、膨大な経費をかける割には湾内外の海水交換の強化には役立たない。

第五章　農畜産排水の問題

　農業からの肥料流出の影響は、すでに三河湾の富栄養化問題が深刻になる以前から、愛知県全体として窒素で一万五千トン（面積一ヘクタールあたり一一〇キログラム）、リンで三千五百トン（同二五キログラム）程度の肥料が利用されており、潜在的な負荷（汚染源）として存在していたと考えられる。しかし、この負荷が富栄養化に及ぼす影響の程度は、当時、三河湾は生態系としてよい状態を保っていたから、それほど大きな問題ではなかったと思われる。

　三河湾の富栄養化の進行は、以前からあった農業からの負荷に加えて、都市化、工業化、畜産の発展による新たな負荷が加わった結果と考えられる。

　農地に施された肥料のうち、リンは土壌に吸着されてあまり流出しないが、窒素肥料は硝酸態窒素の形に変化すると、作物に吸収されずに残ったものが雨とともに地下水や河川に流出する。水田では、窒素はアンモニア態窒素のまま土壌に吸着保持されているが、畑では、窒素は硝酸態窒素の形に変化して、流失しやすい。特に、多くの野菜類は水稲よりも多量の養分を吸収するから、肥料をたくさんあたえる傾向がある。

◉――肥料使用量の遷移

肥料の投入量が多くなれば、農地外へ流出する窒素量も多くなる。愛知県全体の窒素消費量をみると、一九五〇年ころから増加し、最盛期の一九六〇～一九七〇年代では窒素二万トン、リン七千トンを越えていた。農地面積あたりの投入量も、生産性向上のために増加し、一九七〇年～一九八〇年代には、一九五〇年頃と比べて窒素では一ヘクタールあたり約一・五倍の百七十キログラム、リンでは三倍近い七十キログラム程度となった。

現在では、農地面積が一九五〇年頃と比べて半減したため、県全体の肥料消費量は一万三千トン程度（一九五〇年頃の一割減）、リンで四千トン程度（一九五〇年頃の一割増）まで減少している。

◉――期待される環境保全型農業の進展

また最近では、環境保全型農業の進展によって面積あたりの肥料消費量も減少しはじめている。環境保全型農業は、一九九四年に農水省が基本的考え方を示して以来、全国的に進められているが、一九九九年には、食料・農業・農村基本法とその関連法律が制定され、より重要な施策とされている。愛知県でも、一九九四年以降、面積当たりの肥料消費量が減少傾向にあり、現在では、窒素で一ヘクタールあたり百五十キログラム、リンで五十キログラム程度となっている。

また、愛知県のホームページによれば、環境保全型農業に取り組む生産者（エコファーマー）を法律に基づいて認定する制度もスタートしている。その数はまだ三十名程度と少ないが、今後、このような取り組みが全体に波及していくことを期待したい。最近では、生産者の氏名や写真付きで農産物が売られるケースが増えていることから、私たちも消費者の立場から、環境に配慮した農業を実践する生産者を応援していくことが重要であろう。

◉——畜産は大きな汚濁負荷源

愛知県の食肉生産は、全国でも十一位と上位にあるが、県内需要量の三分の一を満たすにすぎない。いかに現在の日本人の食生活で肉類が重要になっているかがわかる。

特に一九六〇年から一九七〇年にかけての経済の高度成長期に、窒素、リンの排出量が急増し、透明度の低下と密接に関係していることは既にのべたが、この高度成長の最盛期の間に、三河湾集水域の人口は一・三倍になり、家畜の数は、牛は変わらなかったが、豚は約二倍、鶏は約四倍に増えている。人口増と畜産食品志向など食生活の変化を含めたライフスタイルの変化が、負荷量の増大を招いたと言えよう。

一九七〇〜一九八〇年もこの傾向が続き、一九九〇年代には、一九六〇年代に比べて人口は一・

七倍、牛一・八倍、豚は約二倍、鶏は約三倍になり、牛は約五万五千頭、豚は約二十七万四千頭（一九九三年）におよび、大部分が輸入飼料に依存している。

家畜は動物であるから、植物に比べると生産量のわりに排泄物が多く、その中の窒素、リンの濃度も高い。ヒトと同様である。一般には投与された栄養分の十分の一ぐらいしか家畜の身にならないから、輸入された飼料がそのまま三河湾に投入されていると考えてもよいくらいである。

愛知県全体としてみると、最近の二十年間の家畜飼育数からもとめた家畜ふん尿として発生する窒素とリンの負荷量は、肥料消費量を上回っている。また最近では、ヒトからの発生量と比べてみても、畜産由来の発生負荷量は窒素でほぼ等しく、リンでは二倍以上である。このように食生活の変化に伴なう畜産業の発展は、はからずも三河湾に対する大きな汚濁負荷源を生じさせた。

◉――家畜糞尿の農耕地への還元――窒素、リンのリサイクル利用の問題点

農耕地は家畜糞尿を肥料として使うことで、水域へ直接流出するのを防いでいる。畜ふん肥料は肥料的価値も高い。畜ふんを肥料の代わりとすれば、化学肥料をへらすこともできる。しかし、さきに述べたように、愛知県全体でみると、家畜の糞尿の発生量の方が肥料の消費量より大きいから、全量を県内の農耕地のリサイクルに入れることは不可能である。また、飼料には添加物として銅・亜鉛などが入っているという問題もある。

◉——地域社会における農業の位置付け

ここで、現在の農業の社会的位置付けについてふれておきたい。都市河川で灌漑している水田の例を生産者の立場から考えてみると、生産者は自分の水田を使って都市生活者が汚した河川水を浄化し、自らは生産低下という損害を被っているのに、何の補償もない。

他方、現在の農業水利のあり方は、逆の問題を提起する。以前は、農業は水不足のため、つねに節水を心がけていたが、現在では一三頁に述べたように大量に水を消費するやり方で行われており、水の需給に関して農業が水源地や地域住民に負担をかけているともいえる。

上の二つの異なる立場の考え方は、現在の農業と地域社会の関係の稀薄なことを示していると言えよう。消費者は、商品として店頭に並んだ生産物だけで農業を評価し、生産者も自らの生活向上のため、生産性、経済性を追求してきた。そのために、生産の場であり、「春の小川」「茶つみ歌」などの例でわかるように、無意識のうちに日本人の心のふるさとであった田園生態系が「見えない」状況になり、農耕地、田園生態系、水系に無理を強いてきたことにほとんどの人が気づかなくなったのではなかろうか。

第六章　環境アセスメントをめぐって

環境アセスメントあるいは環境影響評価ということは、既に耳慣れた言葉である。しかし、環境影響評価法というものが正式に施行されたのは、やっと一九九九年六月である。それまで約三十年間の間は、自治体の定める要綱や閣議での了解によるアセスメント制度であった。はじめに、三河湾に関係したアセスメントで、著者らが見出した問題点の具体例を二、三示しておきたい。

◉——大塚海岸「海の軽井沢」大リゾートの埋立

三河湾で行われたアセスメントの中で代表的なものとして、「海の軽井沢」とも呼ばれた大マリンリゾート「ラグナックスアイランド蒲郡」建設のための、埋立に関する環境影響評価報告書について検討した結果を簡単にのべる。経済情勢からして、この埋立地にリゾート建設は不可能と思われたが、トヨタが主体になってその一部を使い「ラグーナ蒲郡」として運営を始めた。

詳しくは著者らの『三河湾』に述べてあるが、基本的なことで実際と合っていない一例として、実測値では夏期の上層に比べて下層の塩素量がかなり大きいのに、計算値ではその差が少ない。水温についても上下の水温の違いが、計算では微少に出ている。海では、上下の海水の密度の違いが、いろいろな現象を考える上で基本的に重要であるが、このような、初歩的な誤りが見逃されているということは、関係した専門委員の責任が問われる問題であろう。

ヘドロを使って埋立てれば環境改善になるか

この埋立計画の一つの大きな特色として、「環境改善による美しい海岸環境の創出」を強調している。具体的には一三一ヘクタールの埋立に、埋立地前面の二一五ヘクタールの海底を三メートルの深さまで掘り下げ、その汚泥で埋立を行う。ヘドロを除去して埋立に使うのだから環境改善になる、というわけである。

以前の三河湾なら、湾内で発生した植物プランクトンは、生活力がなくなると深い層に沈み、バクテリアなどによって分解されて、大部分が水中に溶け出した。しかし、毎日赤潮が出るようになってからは分解が間に合わず、海底付近に有機物の多い、窒素やリンも多量に含んだ泥が、どんどんたまるようになった。これがヘドロと呼ばれるものである。三〇ページに述べたように、深い層の酸素が無くなってくると、ヘドロから窒素やリンが溶け出して富栄養化を促進する。だから、ヘドロを除くことは、一見したところ、富栄養化の進行をおくらせる特効薬に見えるが、赤潮が毎日のように発生していれば、ヘドロは海底近くでどんどん作られているので、ヘドロを取り除いても、一時的に減るだけである。

話をさきの大塚海岸の埋立の問題にもどすと、埋立面積の一・五倍近くの面積の海底を深さ三メートルまで掘り下げるというが、ヘドロは三河湾が三十〜四十年前に富栄養化してから生じたもので、ヘドロと呼べる泥の厚さは三十から八十センチメートルしかない（つまり、一年に一、二センチメートル溜まってきた）。それから下は三河湾がきれいだった頃の堆積物で、ヘドロとちがい、有機物も水分も少ない。では、なぜヘドロを取ると言いながら、ヘドロの層よりもずっと深く三メートルまで掘るのだろう。じつは、ヘドロは水分が多すぎて埋立の泥に適さない。その下の堆積物は水分が少なく、埋立に十分役にたつのである。つまり、浄化に名を借りた埋立経費の削減である。

もっと大きな問題は、以前、元運輸省第五港湾建設局が三河湾で底質浄化を目的に実施した大規模な実験の結果では、ヘドロは海底をなかば浮遊しており、潮の干満と共に移動している。海底に数十センチ程度の溝があっても、それを短時間に埋めてしまう。まして深さ三メートルもあるくぼ地を作れば、その中にヘドロがたまり、夏には容易に貧酸素化して窒素・リンの発生源となり、硫化水素発生の可能性も高い。環境改善どころか、貧酸素で生物が棲めないところを増やし、しかも赤潮・苦潮の発生を促進する。委員の一人だった私は、八年もかけた大規模な実験結果を小冊子として刊行することを当局に強くすすめた。しかし役所というところは野外実験でも、期待したようなうまい結果が出ないと発表しない。底質浄化実験の貴重な結果を後任者でさえ知らない場合もあり、その後の開発工事に生かされず、大きな被害を招いた。

◉――豊川河口域で四千トンのアサリが苦潮で斃死

二〇〇二年八月、大規模な苦潮が渥美湾東部の豊川河口域を襲い、アサリの稚貝四千トンが斃死するという大きな被害が起きた。その原因を愛知県水産試験場が調査した結果、愛知県が三河港域内の埋立用の土砂を取るために掘った深さ数メートルの窪地（約四十六ヘクタール）や、前述の「海の軽井沢」埋立工事のために掘った窪地（約六十九ヘクタール）が無酸素水の発生源になっていることが、主因のひとつではないかと推測された。試験場で窪地の中に酸素の記録装置を設置し、海水中の酸素量の変化を調べたところ、台風が来て窪地の底まで海水を混合し、酸素が十分供給されても、窪地の中の酸素はわずか二、三日でまったく無くなることが明らかになり、その酸欠水が頻繁に苦潮となって海の表面に出てくるという結果が得られた。この酸欠水が豊川河口域を襲ったのである。この時大量斃死したアサリの稚貝は、三河湾沿岸各地のアサリの種として使われる、漁民にとってきわめて重要なものであるため、県漁連から県に強い抗議が寄せられた。

県は国土交通省とも相談し、とりあえず今回苦潮の発生源となった窪地を埋め戻し、さらに、その隣の大リゾート用地埋立のために掘った窪地も埋め戻していくことを漁民に約束した。現在、問題を起こした窪地の埋め戻しが半分くらい進んでいるが、水産試験場の調査では隣のまだ一切修復されていない窪地に比し貧酸素化の進行が弱まってきたことが確認されている。

県や国土交通省は、三河湾で埋め立てられた千二百ヘクタールの面積の約半分が、人工的に作られた干潟や浅場で再生されたと言っているが、ここで大きな問題になるのは修復に使う土砂の調達である。これまで、伊勢湾口の中山水道と呼ばれる水域は、浅い部分があって大型船通行の障害になり危険だったので、それを除去する工事で大量の質のよい土砂が採れた。だが、その工事も終わりかけている。最も質のよい材料と考えられるのは各ダムに毎年溜まる堆砂である。輸送費はかかるだろうが、それを使うとダムの寿命も延び、海の浄化も図られ、一挙両得と考えられる。

◉――総合的な立場から見ようとしない

環境影響評価書で共通して見られる根本的な問題の一つは、狭い視点で評価していることである。以前行われた埋立、今後行われるであろう埋立、いずれも考慮に入れないで、「今回の埋立は狭い範囲だから、環境への影響は少ない」と述べている。それを繰り返してきた結果、三河湾の広大な浅場が失われてしまった。これが続けば湾が無くなるまで埋立が行われることになる。

また、環境が悪くなっている現状を規準に予測をしているのも大きな問題である。大塚海岸に関するアセスメントの場合も「藻場はほとんどないから、藻場が失われる心配はない」という書き方である。環境への配慮があるとすれば、当然、藻場が近年失われたことと、その理由を記し、それをいかにして復活させるか、という姿勢が見られてよいはずである。

◉――評価委員・コンサルタントの名前は明記すべきである

環境影響評価などの委員会の人選がまず問題になる。本来なら、委員の人選は公正中立な第三者が行うべきであるが、日本の法規では関係する省庁、自治体など、事業を実施するものがアセスを行い、そのための検討委員も選ぶようになっている。少しでも公平な人選が行われるよう、外部からきびしく監視していく必要がある。委員会も公開が原則であり、そうでない場合は、住民が公開を要求し、行政はそれに応えていくべきであろう。

環境影響評価書は、開発した後の環境の変化に責任がある。専門の立場からアセスメントの結果を評価した各専門分野の委員の責任は大きい。当然のことだが、委員の責任をはっきりさせるために、委員の名前、アセスメントを実施したコンサルタント会社の名前は明記すべきである。著者自身の経験から言っても、委員が誤った評価をする場合もあり得る。誤りは誤りとしてはっきりさせ、その経験を生かして同様な誤りを繰り返さないようにすることが大切である。調査、データの解析等にも当然責任がある。多くの場合、もともとのデータが公表されないという現実は、依頼者に都合の悪い報告書にならないための配慮からと疑われても、しかたがないであろう。

◉――環境基準の誤った適用

長良川河口堰での経験からすると、河口堰は法的にはダムでなく、川とみなされており、川の環境基準で判断される。水質の有機汚染は、下水、河川などは、ＢＯＤ（生物化学的酸素要求量）で判定され、海、貯水池、湖沼はＣＯＤ（化学的酸素要求量）で判定される。

ところが、長良川で植物プランクトンが発生して水質汚染が生じた時、その量とＣＯＤとの間には、かなりよい相関があるが、ＢＯＤとは、ほとんど関係がない。水資源開発公団なども、いちおう両者を測定しているが、環境基準への判定には古い法規に従ってＢＯＤ値のみを使っている。三十年も前に作られた環境基準は、実情に応じて数年ごとに改定していくような柔軟性を、環境省に要望したい。

◉――七五％値のトリック

水質が、各水域ごとに、あらかじめ定められている環境基準値に適合しているかどうか（もっとひどく汚れていないか）を判定するために、七五％値というものを使う。これは、「何か特別な条件で、例外的に高い測定値が得られた場合に、その値を除いて判定する」という考えからでている。例えば、一般に水質の定期調査は、月一回、年十二回行われる。得られた値を、高い方から順に並べて、四番目の値が七五%値となる。この値が、その水域の環境基準値以下であれば、「水質汚染はない」ことになる。

ところが、長良川河口堰において、特に植物プランクトンが増えて水質汚染が著しいのは、だいたい夏の七、八、九の三ヶ月である。したがって、十二ヶ月のデータの大きい方の三ヶ月のデータを取ってしまうと、夏期に植物プランクトンが増えて、水質汚染がひどかった事実がかくれてしまうことになる。今後の改善を必要とする問題である。

◉――情報公開の重要性

環境影響評価書を見ていても、その内容に納得がいかず、そのような評価が行われた基礎となる元のデータを見たいと思うことが少なくない。場合によっては、自分で計算しなおしてみる必要性を感じる。多額の経費をかけて実施した調査のデータは、すべて保存しておき、必要に応じて、何時でも、誰にでも、公開すべきである。特に、自然界において、ある場所の、ある時のデータというものは、二度と得られない貴重なものである。しかもこれらの調査経費の大部分は、元をただせば国民の税金から支出されているのである。

最近、情報公開が法的に認められ、要求すれば原則として必要な情報を入手できるようになった。しかし、野外調査のデータなどの場合、どのような項目について観測が実施されているか外部の者にはわからず、適切な公開請求を行えない場合が少なくない。少なくともどんな調査が実施されているか、なるべく詳しく公表しておくことが望まれる。建設省（現国土交通省）・水資源開発公団が、一九九四年度から六年間の長良川河口堰に関するすべての調査データを公表したことは、よい前例として評価してよいと思う。ただし、これまでに公開されているのは、まだ二、三の水域だけである。

データ公開により、その分野についての専門的研究は発展し、今後の同様な環境アセスメントなどを、より高い精度で行えるようにするだろう。

◉——行政と市民の合意を得るために

新たな開発行為を行うためには、行政と市民の十分な話し合いが行われ、納得の上で計画が承認される必要がある。これは愛知万博の例などで見られるように、わが国でも不十分ながら次第に実行される傾向が見られる。環境問題の先進国と言えるオランダなどでは、話し合いが百回以上になることも珍しくないと言われる。

まず、このような話し合いを可能にするためには、住民も行政と同じだけの情報を持っていることが必要である。つまり、情報公開というものが徹底していることが前提となる。

次に問題になるのは、情報が公開されても、一般の常識だけでは理解しにくく、専門家の解説が必要になることが多い。これは理工学的な問題は言うまでもないが、経済・社会学的な問題でもありうる。この場合、関係する専門の研究者が住民に、できるかぎり平易に問題点を説明することは、研究者の義務であろう。その場合、当人の政治的な意見をはなれて、科学的な見解に徹することが、とくに重要と思われる。

◉——委員の研究者も住民の意見をよく聞く必要がある

長良川河口堰の委員会などで、住民どころか、行政に批判的な研究者の意見さえ聞こうともしない傾向が一部の委員に見られた。かつて政治的見解と自然科学的見解が入り混じって対立し、激しいやり取りをした経験も関係しているようであった。

素人の話だからと一笑に付すのは誤りである。反対する意識が高いために、観察された現象が誇張されていたり、専門的知識の不足から誤っている場合も当然あり得る。しかし、住民、とくに漁民、農民などは、その地域の状況について長い間の経験を持っている。問題点の指摘を謙虚に聞いて、それについて専門的立場から十分検討することが必要である。新しい問題点が見出される場合も少なくないと思う。

第七章　豊かな海「三河湾」を回復させる道

図1に示したように、海域の環境基準値から言っても、伊勢・三河湾はわが国で最も汚れた水域である。それにもかかわらず、行政には埋立を主とする大規模開発を手控える姿勢が見られない。各地の海で環境基準に満たない状態が続いている現状の改善を積極的に考えるどころか、東京湾の三番瀬の埋立がやっと中止になった以外は、渥美湾の六条潟、中部空港の前島、諫早など、残り少ない干潟を埋立て、内湾環境をますます悪化させる方向に進んでいる。いずれの場合も経済的効果にさえ疑問があり、税金の無駄使いと考えられる場合が多い。

◉——内湾の最大の問題は貧酸素水塊の発生

水質改善の目標をどこにおくか

湾内に魚介類が生活するために欠かすことのできない条件は、「底層でも酸素（溶存酸素・DO）があること」である。魚やエビ・カニのように水中を活発に動きまわる生物なら一リットルの水中に四ミリグラムは必要である。貝類など、あまり活発には動かない生物でも三ミリグラムが必要である。これらの値を目安に水質改善の目標を決め、その実現の方法を考えることになる。

流入負荷をどこまで削減するか

三河湾だけでなく、どの内湾でも、一九六〇年代前半には底層水の貧酸素化は起こらなかった。

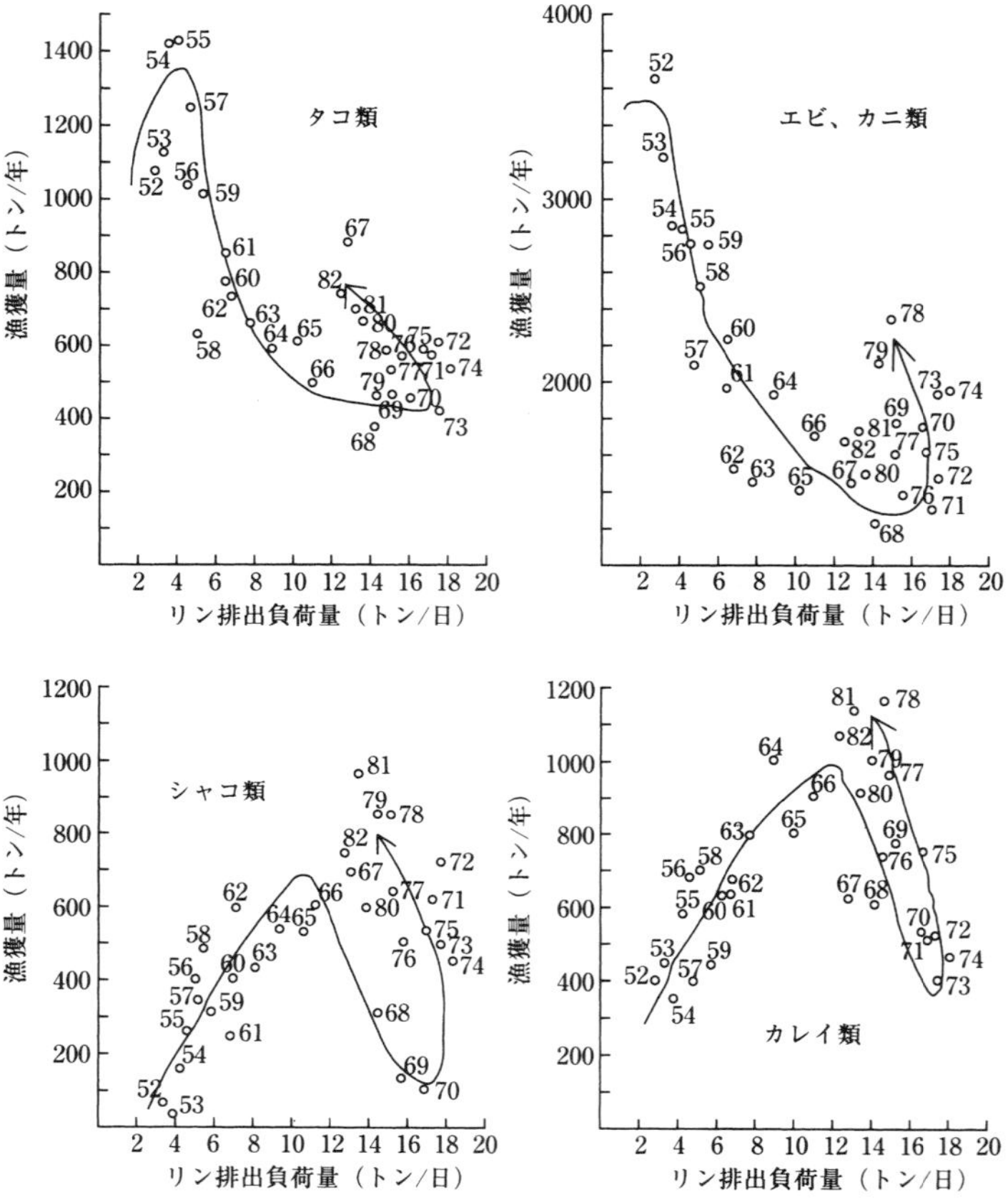

図24　大阪湾におけるリン負荷と漁獲の経年変化

その頃と現在とを比べると、当時は排水として流入する窒素・リンの量（負荷量）が現在の約二分の一であった。したがって窒素・リンの流入負荷を、現在の四〇〜五〇％にできれば、底層の酸素の回復が可能なはずである。しかし、そこまで減らすのは容易でないから、まず二〇％くらいの削減を目標にして実現できれば、底層水の酸素は一リットル中に一ミリグラムくらいになり、苦潮などあまり出なくなり、底泥からの窒素・リンの溶出も減るものと予想される。

特に汚濁のひどい渥美湾について考えると、最初に述べたように、面積あたりの窒素・リンの流入量は東京湾の十分の一から二十分の一である。これを減らすことは、あの三千万近い人口をかかえる東京湾の集水域にくらべれば、かなり容易なのではなかろうか。

なお、底層を通って、知多湾の水が渥美湾に、伊勢湾の水が三河湾に流入しているから、水質改善のためには、伊勢・三河湾全域について取り組む必要がある。

一般に、このような問題では絶望的になりやすいが、成功した実例が大阪湾である。窒素・リンなどの負荷を減らすには、行政だけでなく、企業、農民、漁民などのほか、とくに一般市民の積極的な協力が必要である。大阪湾では、総力をあげてリンの負荷量を減らした結果、図24のようにタコ、エビ・カニ、シャコ、カレイなどの漁獲量が復活してきたことが城　久氏によって示されている。

◉——埋立・干拓は今後すべて規制すべきである

埋立で干潟が減り、浄化作用が低下したことは既にくりかえし述べた。松川氏は、三河湾で戦後に埋立を一切行わなかったら、貧酸素水塊は発生しなかったろうと計算している。わが国の内湾全体を通じて、原則として埋立をいっさい禁止するべき状況まで環境が悪化してしまった現実は、本書の最初に示した図1からも理解できよう。

しかし、埋立を禁止しただけでは、内湾環境の回復は望めない。まだ、問題点は少なくないが、回復させる可能性のある手段の一つとして、人工干潟の大規模な造成が考えられる。

ヘドロから窒素やリンが溶け出してくるのを防ぐために、その上にきれいな砂などをかけて、悪くなっている底質をよくする試み（いわゆる覆砂）もされている。深いところでは、夏に貧酸素化するから、ほとんど効果がないが、浅いところなら、ある期間、底質が改善されてアサリなどが増える。これを大規模にやるのが人工干潟である。人工干潟は場所をよく選定して造成すれば、生物もある程度増え、浄化効果もあることは既に示されている。しかし、干潟と言うものは、沿岸近くの堆積作用と侵食作用の自然のバランスで維持されており、人工干潟を長期間保つことが容易でないことは明らかである。また、人工干潟用の海砂採取による環境破壊の問題もある。

◉——河川の流量を減少させると内湾の汚濁は促進される

渥美湾の奥に流入する豊川の流量の減少が渥美湾の水の交換をどれだけ少なくさせたか、詳しく述べた。それにもかかわらず、巨大な設楽ダム建設を含む、豊川総合開発事業が着々と進められている。従来、河川は建設省、海は運輸省の領分であったため、話し合いはきわめて不足しているようであった。両者が国土交通省として統合されたのを機会に従来の発想を大きく転換させ、川と海との相互作用に十分配慮した総合的な視点に立った施策が行われることを強く望みたい。

◉――本当に水が不足しているのか

水資源の開発には長い年月がかかるという名目で、各地の用水、ダム、河口堰などの建設が進められてきた。しかし、一方で、いわゆるハウス農業が多いために雨水を使えず、水田もため池を使わない方式に切り替えられ、また圃場整備事業の結果、一つの水田に使った水は他にまわさずに流出させてしまう、などの事情で、水の消費量は予想をはるかに上回っている。農業も蛇口をひねれば必要なだけの水が出るようになったため、貴重な水をできるだけ節約して使うという意識が弱くなっているのではないか。

減反政策で水田が減っているが、志村博康氏によれば、一九八〇年に水田が大雨を受け止めて貯水する能力は五十一億トンあり、ダムの洪水調節容量の総和二十四億トンの二倍あったという。水田の洪水調節機能と言うものが、どんなに重要かを認識できる。

◉――海でも川でも、自然の浄化力を生かす

藻場・干潟の浄化力がどんなに大きいかは、くりかえし述べた。また、三河湾内での漁獲は、海水中から窒素・リンばかりでなく、有機物を除去するという意味で、水質浄化に大いに役立っ

ていることが見逃されている。干潟に飛来する渡り鳥の意義も大きい。

近年、灌漑用水が圃場整備事業と組み合わされ、パイプライン等の水路で供給されるようになったために、生物が生息できる環境を奪われ、田園生態系が破壊され、生物の浄化力が失われた。豊川下流域には流域下水道が造られているが、その効果には疑問がある。流域下水道は豊川主流の流量を減らして巨大なコンクリートの水路に移し、自然の浄化作用を低下させた。

◉――食糧の自給体制の確立は環境保全と深く結びついている

現在の日本の食料自給能力は三十数%にすぎない。わずか数年前にも、米不足でひとさわぎした記憶は新たである。農産物の相当部分も輸入にたよっているが、肥料を考えても、リンはすべて輸入品であり、窒素も化石燃料なしには作れない。家畜の餌もほとんど輸入している。

何時、世界的でなくても、局部的な国際紛争で食料輸入の道が閉ざされても不思議ではない。この問題を解決する道の一つは、農産物、林産物の自給率の向上と有力なタンパク源である漁業資源の確保である。また、貴重な輸入品である、農業・畜産肥料の循環利用を促進することは、環境改善に役立つばかりか、食料と肥料の自給体制を強め、長期的に見れば、日本の社会の経済の安定をもたらすであろう。

むすび――三河湾を復活させることは可能であり、われわれの義務である

伊勢・三河湾という日本でも有数のすぐれた内湾があったため、東海地方は中京とも呼ばれるような発展をしてきた。海運用の水路としての意義も大きいが、水産資源では日本のトップレベルであった。水も澄んでいて、どこの海岸でも泳ぐことができた。

そのすばらしい海が、このわずか四十年ほどの間にすっかり汚染されて赤潮と貧酸素の海となり、泳ぐことのできる場所も限られている。

この大きな自然の恵みを、回復させて子孫に残すことは、われわれの義務ではなかろうか。三河湾を改善し、水産資源の豊かな海を取り戻すためには、どんなことが必要かは明らかである。現在の目先の経済的効果（それも大きな疑問だが）からの視点でなく、環境改善を中心として施策を立て、総合的な努力を積み重ねることによってのみ三河湾の回復は可能となり、実現できるであろう。

ただし、すでに述べたように、三河湾は伊勢湾の影響を強く受けているから、伊勢湾においても、三河湾と並行して同様な努力をすることが必要であり、それは当然、伊勢湾の浄化、水産資源の回復につながるものである。

なお、本書で述べたことは、基本的に日本全国の内湾に共通する環境問題であり、解決の糸口になるものと考える。

もっと詳しく知りたい読者のために（刊年順）

栗原　康「干潟は生きている」一九八〇年、岩波新書
干潟を物質循環の立場から最初に取り上げた名著。読みやすい。
上遠恵子訳「海辺・生命のふるさと」一九八七年、平河出版
「沈黙の春」で有名なレーチェル・カーソンが海岸の生物の神秘を興味深く述べている。
栗原　康編著「河口・沿岸域の生態学とエコテクノロジー」一九八八年、東海大学出版会
河口域、沿岸域についての専門的知識を深めるためには必読書である。
松永勝彦「森が消えれば海も死ぬ」一九九三年、講談社ブルーバックス
「魚付き林」についての先覚者である著者が、その意義を平易に解説している。
河井智康「日本の漁業」一九九四年、岩波新書
沿岸漁業を中心に水産資源の将来の予測と提言、とくに読みやすい文章である。
松永勝彦・久万健志・鈴木祥広「海と海洋汚染」一九九六年、三共出版
外海も含め、海洋学の基礎知識を述べた後、各種の海洋汚染の仕組みと実態を記している。
西條八束・村上哲生「湖の世界をさぐる」一九九七年、小峰書店

海ではないが湖沼を例に、生物生産・分解など物質循環の仕組みをわかりやすく述べてある。

日本海洋学会編「明日の沿岸海洋を築く・環境アセスメントへの新提言」一九九九年、恒星社厚生閣

沿岸環境改変の様々な事例を記し、新たな「環境影響評価制度」への対応の道を述べてある。

加藤　真「日本の渚―失われてゆく海辺の自然」一九九九年、岩波新書

古文をまじえながら急速に失われつつある各地の渚の風景と生態系の仕組みを記している。

【著者紹介】

西條 八束（さいじょう やつか）
1924年　東京都生まれ
1948年　東京大学理学部地理学科卒業
名古屋大学理学部助教授（水質科学研究施設），名古屋大学水圏科学研究所教授，愛知大学教養部教授，名古屋大学名誉教授を歴任
2007年10月歿
主な著書＝『湖沼調査法』（古今書院），『湖は生きている』（蒼樹書房），『小宇宙としての湖』（大月書店），『新編湖沼調査法』（共著，講談社），『とりもどそう豊かな海 三河湾』（監修，八千代出版），『湖の世界をさぐる』（共著，小峰書店），『河口堰』（共著，講談社），*Lake Kizaki*（共編著，Backhuys）等
研究分野＝湖沼，河川，内湾，海洋などの生態系で行われている植物（主に植物プランクトン）による生物生産，その分解，堆積などを，炭素・窒素などの物質循環の立場から調べてきた。近年はその応用として，中海・宍道湖の淡水化，長良川河口堰，三河湾の水質汚濁などの環境問題に関わっている。

愛知大学綜合郷土研究所ブックレット④
内湾の自然誌 —三河湾の再生をめざして
2002年3月29日　第1刷　　2008年4月15日　第4刷発行
著者＝西條 八束 ©
編集＝愛知大学綜合郷土研究所
〒441-8522 豊橋市町畑町1-1　Tel. 0532-47-4160
発行＝株式会社 あるむ
〒460-0012 名古屋市中区千代田3-1-12　第三記念橋ビル
Tel. 052-332-0861　Fax. 052-332-0862
http://www.arm-p.co.jp　E-mail: arm@a.email.ne.jp
印刷＝東邦印刷工業所

ISBN978-4-901095-34-1　C0340

刊行のことば

愛知大学は、戦前上海に設立された東亜同文書院大学などをベースにして、一九四六年に「国際人の養成」と「地域文化への貢献」を建学精神にかかげて開学した。その建学精神の一方の趣旨を実践するため、一九五一年に綜合郷土研究所が設立されたのである。

以来、当研究所では歴史・地理・社会・民俗・文学・自然科学などの各分野からこの地域を研究し、同時に東海地方の資史料を収集してきた。その成果は、紀要や研究叢書として発表し、あわせて資料叢書を発行したり講演会やシンポジウムなどを開催して地域文化の発展に寄与する努力をしてきた。今回、こうした事業に加え、所員の従来の研究成果をできる限りやさしい表現で解説するブックレットを発行することにした。

二十一世紀を迎えた現在、各種のマスメディアが急速に発達しつつある。しかし活字を主体とした出版物こそが、ものの本質を熟考し、またそれを社会へ訴える最適な手段であると信じている。当研究所から生まれる一冊一冊のブックレットが、読者の知的冒険心をかきたてる糧になれば幸いである。

愛知大学綜合郷土研究所